2021
农业资源环境保护与农村能源发展报告

农业农村部农业生态与资源保护总站　编

U0239315

中国农业出版社

北　京

编 委 会

主　　编：严东权

副 主 编：李　波　李少华　李惠斌　闫　成　高尚宾

　　　　　　吴晓春　付长亮　李　想

编写人员（以姓氏笔画为序）：

　　　　　　万小春　习　斌　王　海　尹建锋　代碌碌

　　　　　　邢可霞　朱平国　刘国全　刘欣庆　许丹丹

　　　　　　孙　昊　孙仁华　孙玉芳　孙建鸿　李成玉

　　　　　　李冰峰　吴泽赢　宋成军　张宏斌　张艳萍

　　　　　　张霁萱　陈宝雄　郑顺安　宝　哲　居学海

　　　　　　赵　欣　倪润祥　徐文勇　徐志宇　黄宏坤

　　　　　　韩　芳　靳　拓　薛颖昊

执行编辑：朱平国　孙建鸿　宋成军　代碌碌　刘国全

前　言

2020年，中共中央十九届五中全会通过了《关于制定国民经济和社会发展第十四个五年规划和二〇三五年远景目标的建议》，要求深入实施可持续发展战略，完善生态文明领域统筹协调机制，构建生态文明体系，促进经济社会发展全面绿色转型，建设人与自然和谐共生的现代化；同时，《中华人民共和国固体废物污染环境防治法》修订发布，《中华人民共和国生物安全法》《中华人民共和国长江保护法》颁布实施，对农村人居环境整治、农业固体废物回收利用、对外来入侵物种防控、长江流域农业面源污染治理等作出明确规定；国务院印发了《农作物病虫害防治条例》《关于加强农业种质资源保护与利用的意见》，对农作物病虫害绿色防控和农业种质资源保护利用提出明确要求。这些法规要求和文件精神为进一步加强农业资源环境保护与农村能源生态建设、推进农业绿色发展和乡村生态振兴指明了发展方向。

农业农村部认真贯彻落实中央有关决策部署，印发了《全国农田地膜残留监测方案》，并联合有关部门发布了《农用薄膜管理办法》《农药包装废弃物回收处理管理办法》《东北黑土地保护性耕作行动计划（2020—2025年）》《第二次全国污染源普查公报》《关于进一步明确畜禽粪污还田利用要求强化养殖污染监管的通知》《关于扎实推进塑料污染治理工作的通知》《农村三格式户厕建设技术规范》《特定农产品严格管控区划定技术导则（试行）》等法规文件和标准模式；继续实施长江经济带农业面源污染治理专项和农膜回收行动，推动农业资源环境保护与农村能源建设各项工作落地落实。

各级农业资源环境保护和农村能源生态建设体系围绕主责主业，发挥专业优势，创新工作机制，积极参与政策创设、监测预警、标准制定、技术推广、模式凝练、试验示范等工作，在推动农业资源保护利用、农业面源污染防治、农村可再生能源开发利用、生态循环农业建设等领域发挥了重要作用，并取得了显著成绩。

为宣传农业资源环境保护和农村能源生态建设一年来取得的工作成效，总结交流各地的典型做法经验，农业农村部农业生态与资源保护总站组织编写了《2021农业资源环境保护与农村能源发展报告》（以下简称《报告》）。《报告》系统回顾了2020年农业资源环境保护和农村能源生态建设领域取得的主要成就，梳理汇总了相关领域的重要政策文件和重大部署，整理分析了有关统计数据资料。《报告》的编写得到了农业农村部科技教育司的大力支持，各地农业资源环境保护和农村能源生态建设体系也为《报告》编写提供了大量数据材料和典型案例，在此一并表示感谢。

由于各种原因，农业资源环境保护和农村能源生态建设体系的机构及人员数据，以及渔业资源环境、耕地保护等领域的工作情况和数据资料没有纳入本《报告》，敬请知悉。

编　者

2021年11月

目录 CONTENTS

前言

特别关注 ··· 1

行业聚焦 ··· 5

农业野生植物保护 ·· 15
　　开展资源调查与收集 ·· 16
　　加强调查监测 ·· 19
　　加强原生境保护 ·· 19

外来入侵物种防控 ·· 21
　　政策与法规建设 ·· 22
　　调查监测 ·· 22
　　外来入侵物种防控 ··· 24
　　科研推广与科普宣传 ·· 25

农业面源污染防治 ·· 27
　　开展农业面源污染例行监测 ·· 28
　　发布第二次全国污染源普查成果 ·· 30
　　推进重点流域农业面源污染综合治理 ·································· 31

农膜回收利用 ·· 33
　　推进农膜回收利用法治建设 ·· 34
　　继续实施农膜回收行动 ··· 34
　　探索农膜回收技术模式与运行机制 ····································· 35
　　强化科技推广与监测评价 ·· 36

农产品产地环境管理 ·· 39
　　推进耕地土壤环境质量类别划分和安全利用 ······················· 40
　　强化耕地重金属污染防治科技支撑 ····································· 42
　　开展农产品产地环境监测 ·· 44
　　加强耕地土壤污染防治宣传培训 ·· 45

农村可再生能源建设 ·· 47
　　农村可再生能源开发利用 ·· 48
　　加强农村可再生能源建设 ·· 50
　　开展行业技术交流与培训 ·· 52

生态循环农业 ·· 55
　　生态循环农业发展政策 ··· 56
　　生态循环农业试验示范 ··· 56
　　生态循环农业培训宣传 ··· 59

秸秆综合利用·· 61

　　秸秆综合利用政策制度　·· 62

　　秸秆综合利用重点县建设　·· 62

　　秸秆综合利用技术模式　·· 64

农业生态环境国际合作·· 69

　　开展国际履约与谈判　··· 70

　　国际交流有关活动　·· 70

　　国际合作项目　··· 71

体系建设·· 75

　　能力建设　··· 76

　　行业信息化　··· 77

　　社团组织　··· 78

特别关注

认真贯彻《农用薄膜管理办法》着力防治农田"白色污染"

农用薄膜是重要的农业生产资料。我国农用薄膜覆盖面积大、应用范围广，在增加农作物产量、提高品质、丰富农产品供给等方面发挥了重要作用，但部分地区农用薄膜残留污染严重，成为制约农业绿色发展的突出环境问题。党中央、国务院高度重视农用薄膜污染治理工作，对建立健全农用薄膜管理制度提出了明确要求。《中华人民共和国土壤污染防治法》明确规定，农业投入品生产者、销售者和使用者应当及时回收农用薄膜。根据中央决策部署和《土壤污染防治法》要求，农业农村部会同工业和信息化部、生态环境部和市场监管总局制定发布了《农用薄膜管理办法》（以下简称《办法》）。

学习领会《办法》主要内容

《办法》从农膜生产、销售和使用、回收和再利用、监督检查等方面明确了以下主要内容。

1.构建全链条监管体系 《办法》遵循全链条监督管理思路，构建了覆盖农用薄膜生产、销售、使用、回收等环节的监管体系。规定地方各级人民政府对本行政区域内农用薄膜污染防治负责，组织、协调、督促有关部门依法履行农用薄膜污染防治监督管理职责，明确了农业农村、工业和信息化、市场监管、生态环境等部门在农用薄膜监督管理中的相应职责，推动建立了多部门分工协作的管理体制。

2.规范生产者、销售者、使用者的相关行为 《办法》对生产者、销售者、使用者在相关环节的行为作出明确规定。生产者应当执行农用薄膜相关标准，建立出厂销售记录；销售者应当依法查验农用薄膜产品的包装、标签、质量检验合格证，不得采购和销售未达到强制性国家标准的农用薄膜，依法建立销售台账；使用者应当按照产品标签标注的期限使用农用薄膜，生产企业、专业合作社等应当依法建立使用记录。

3.明确生产者、销售者、使用者回收责任 《办法》规定，使用者应当在使用期限到期前捡拾田间的非全生物降解农用薄膜废弃物，交至回收网点或回收工作者，不得随意弃置、掩埋或者焚烧；生产者、销售者、回收网点、废旧农用薄膜回收再利用企业等应当开展合作，采取多种方式，健全农用薄膜回收利用体系，推动废旧农用薄膜回收、处理和再利用。

4.鼓励废旧农用薄膜再利用 《办法》提出，鼓励研发、推广农用薄膜回收技术与机械，开展废旧农用薄膜再利用。支持废旧农用薄膜再利用企业按照规定享受用地、用电、用水、信贷、税收等优惠政策，扶持从事废旧农用薄膜再利用的社会化服务组织和企业。

5.明确监督检查措施和法律责任 《办法》规定，县级以上地方人民政府农业农村部门应当定期开展农用薄膜残留监测，建立残留监测制度；市场监管部门应当定期开展农用薄膜质量监督检查，建立市场监管制度；生产、销售农用薄膜不符合强制性国家标准的，未按照规定回收农用薄膜的，按照《产品质量法》《土壤污染防治法》等相关法律进行严厉处罚。

推进农膜回收利用的重要举措

近年来，特别是《办法》出台后，农业农村部会同有关部门，围绕农膜回收利用出台了一系列政策措施，组织实施了地膜回收行动，加强可降解地膜研发示范，着力防治农田白色污染。

1.创设区域性补贴制度，建立农膜回收长效机制 2020年，农业农村部选择内蒙古自治区五原县和开鲁县、甘肃省通渭县和高台县、新疆维吾尔自治区新和县和拜城县6个县，开展农膜回收区域补偿制度试点，积极探索农业补贴资金与农膜回收相挂钩机制，建立农膜销售、使用和回收利用台账，探索多种形式的农膜回收利用机制，加快建立以绿色生态为导向的农膜回收利用长效机制。

2.实施农膜回收行动，创建地膜回收重点县 以西北地区为重点，创建100个农膜回收重点县，通过强化准入管理、推广普及标准地膜、坚持农机农艺结合、集成推广回收典型模式，创新回收机制、调动回收主体积极性、健全网络体系、提高农膜回收利用水平等，扶持建设回收加工企业400余家、回收网点3 000余个，初步建立起政府扶持、市场主体的农膜回收加工体系。

3.出台相关配套政策，加强地膜污染专项整治 2020年，国家发展和改革委员会（以下简称国家发展改革委）出台《关于进一步加强塑料污染治理的意见》等文件，严禁生产和销售厚度小于0.01毫米的聚乙烯农用地膜，要求健全回收利用体系、加强降解地膜示范推广。生态环境部、国家发展改革委组织开展塑料污染治理专项行动，将地膜列为监管重点，推动地方落实地膜污染治理主体责任。农业农村部、市场监管总局等部门联合开展农膜农资打假专项治理行动，坚决打击非标地膜生产、销售。农业农村部、国家发展改革委等部门还将农膜列入国务院农村人居环境大检查、美丽中国建设评估指标体系、农业农村部延伸绩效考核等，强化督导检查，推进各地各部门落实农膜回收责任。

4.加强监测预警，开展试验示范 2020年，农业农村部继续利用全国500个地膜残留国控监测点，开展农田地膜残留监测。在甘肃省、辽宁省等地开展省域尺度农田地膜卫星遥感监测工作。印发《全国农田地膜残留监测方案》，规范统一了监测操作流程。开发了地膜监测调查数据填报系统和App，实现了数据质量全程可追溯。依托现代农业产业技术体系，组建了农膜回收专家指导团队，推进残膜回收机具、资源化再利用技术等研发与应用。在吉林扶余、浙江嘉兴、江苏宜兴、山东青岛、山西太原等地开展花生、露地蔬菜、马铃薯等全生物降解地膜大田应用评估工作。组织专家从农田适宜性、环境安全性、经济性等多角度对降解地膜进行全生命周期评价。

5.加大《办法》宣贯力度，营造良好社会氛围 《办法》出台后，农业农村部及时组织开展解读释义工作，先后在农业农村部网站、人民日报、中央政府网等主流媒体上开展了一系列宣传报道，在全国农膜回收行动推进会、世界自然基金会"农业塑料废弃物管理和可降解替代品发展现状研讨会"等活动上，对《办法》进行了全方位、多角度宣传解读，主动答疑解惑，回应社会关切，营造良好氛围。

强化地方农膜回收利用责任落实

《办法》出台后，各地结合自身实际，围绕农膜回收利用，加大政策创设和资金投入，探索推广有效技术模式，加强工作考核评价，不断强化农膜回收主体责任，扎实推进农膜污染治理。

浙江省按照废旧农膜的功能、材质、再利用价值，分别采取适宜的回收利用、处理方式，实行分类处理。对于无利用价值的废旧农膜，纳入农村生活垃圾处理体系；对有二次利用价值的废旧棚膜、菌棒膜等，由使用者归集、市场主体回收后实现二次利用。将废旧农膜回收列入农业绿色发展指标体系、垃圾分类考核体系等，加强绩效考核评价，压实县、市政府主体责任。舟山市开展"废膜换钱"行动，按照"一斤一元"的标准进行废旧农用地膜折价回收。嘉善县探索推行"户归集、村清运、公司回收"模式，由村集体通过招投标引进第三方公司，对废旧农膜进行专业化回收处理。

甘肃省试点建设地膜"零残留、全回收"示范样板，推广"一膜多年用"技术，引导研发高强度加厚环保地膜。将开展地膜回收作为企业参与政府招标采购地膜竞标的必要条件，推动企业按照供膜量足量回收相应废旧地膜。统筹使用各级财政补贴资金，通过政府招标采购标准加厚地膜，实施地膜"以旧换新"。在45个回收重点县开展市场检查执法活动，严厉打击非标地膜的生产、销售。永昌县实行农户购买1公斤*全生物可降解地膜、政府补助2公斤全生物可降解地膜的"买一补二"方式。通渭县建立兑换收购网点，通过"以旧换新""以物易物"等方式，将农户捡拾回收的废旧农膜兑换成新膜或其他农资物品。

内蒙古自治区在15个回收重点县，积极创新农膜回收补贴机制，深入开展以旧换新、经营主体上交、专业化组织回收、加工企业回收等多种形式回收，不断完善利益联结机制。五原县充分发挥村委会力量，通过与农户签订承诺书，推动残膜回收与耕地质量提升、农牧业生产社会化服务等项目补贴挂钩。开鲁县将废旧农膜回收与耕地地力保护补贴相挂钩，压实使用者的回收责任，对有效回收地膜、保护耕地质量的给予补贴；对不采取有效回收措施、不使用标准地膜的，责令整改，待整改合格后发放补贴资金。

新疆维吾尔自治区在40个回收重点县坚持农机农艺结合，总结推广适宜回收典型模式。探索将农膜回收与农业灌溉用水配给相挂钩，建立农膜回收的激励约束机制。采取先建后补方式，在主要覆膜乡镇扶持建设废旧农膜回收网点，在县、市一级补贴建设废旧农膜资源化利用设备。拜城县将村镇划分为单元网格，利用手机 App、政务服务平台等方式，构建农膜销售、使用、捡拾、回收利用为一体的网格化管理系统和追溯监管系统，压实生产者、销售者、使用者的回收责任。新和县试点开展废旧农膜回收社会化服务，由合作社在服务范围内实施农膜捡拾、回收、兑换一体化。霍城县、新源县在玉米等作物上推广头水前揭膜技术，既有利于苗期作物发育，又实现了残膜全回收。

重庆市印发《重庆市废弃农膜回收利用管理办法（试行）》，建立由供销合作、农业农村、发展改革、科技等部门分工配合的工作机制。探索构建废弃农膜网点收购制度、线上交易结算制度、回收利用资金管理制度等，健全废旧农膜监管体系。充分发挥供销合作社农业生产资料供应和再生资源回收利用行业优势，建立"村、乡镇回收转运—区县集中分拣储运—区域性处理"的回收利用体系。结合"无废城市"试点建设工作，开展加厚地膜和可降解地膜应用对比评价示范，探索源头减量技术。建立废弃农膜回收利用台账，实行月报进度、季度通报、半年排位、年终验收考核。开发建立废弃农膜回收利用大数据管理平台，确保每笔回收补贴交易结算可溯源。

在相关部门的协同推进和各级地方政府的有力推动下，农膜回收行动稳步推进，各项法规政策不断健全，全国农膜回收率稳定在80%以上。据统计，2020年我国农膜使用量238.9万吨、较上年减少0.8%；其中，地膜使用量135.7万吨、较上年减少1.6%，地膜覆盖面积为2.6亿亩**、较上年减少1.4%。新疆、山东、内蒙古、甘肃、云南、河南、四川、河北8个用膜省区地膜覆盖面积合计1.7亿亩，较上年减少1.5%。

---

* 公斤为非法定计量单位，1公斤＝1千克。
** 亩为非法定计量单位，1亩≈667平方米。

行业聚焦

国务院办公厅印发
《关于加强农业种质资源保护与利用的意见》
（2020年2月）

《意见》提出，力争到2035年，建成系统完整、科学高效的农业种质资源保护与利用体系，资源保存总量位居世界前列，珍稀、濒危、特有资源得到有效收集和保护，资源深度鉴定评价和综合开发利用水平显著提升，资源创新利用达到国际先进水平。

《意见》提出5个方面政策措施：一要开展系统收集保护，实现应保尽保。开展农业种质资源全面普查、系统调查与抢救性收集。加强农业种质资源国际合作交流，建立农业种质资源便利通关机制。完善农业种质资源分类分级保护名录，开展农业种质资源中长期安全保存。二要强化鉴定评价，提高利用效率。搭建专业化、智能化资源鉴定评价与基因发掘平台，建立全国统筹、分工协作的农业种质资源鉴定评价体系。深度发掘优异种质、优异基因，强化育种创新基础。三要建立健全保护体系，提升保护能力。实施国家和省级两级管理，建立国家统筹、分级负责、有机衔接的保护机制。开展农业种质资源登记，实行统一身份信息管理。充分整合利用现有资源，构建全国统一的农业种质资源大数据平台。四要推进开发利用，提升种业竞争力。组织实施优异种质资源创制与应用行动，推进良种重大科研联合攻关。深入推进种业科研人才与科研成果权益改革，建立国家农业种质资源共享利用交易平台。发展一批以特色地方品种开发为主的种业企业，推动资源优势转化为产业优势。五要完善政策支持，强化基础保障。合理安排新建、改扩建农业种质资源库（场、区、圃）用地，科学设置畜禽种质资源疫病防控缓冲区。健全农业科技人才分类评价制度。

农业农村部、财政部印发
《东北黑土地保护性耕作行动计划（2020—2025年）》
（2020年3月）

《行动计划》提出，将东北地区（辽宁省、吉林省、黑龙江省和内蒙古自治区的赤峰市、通辽市、兴安盟、呼伦贝尔市）玉米生产作为保护性耕作推广应用的重点，兼顾大豆、小麦等作物生产。力争到2025年，保护性耕作实施面积达到1.4亿亩，占东北地区适宜区域耕地总面积的70%左右，形成较为完善的保护性耕作政策支持体系、技术装备体系和推广应用体系。

《行动计划》要求，重点推广秸秆覆盖还田免耕和秸秆覆盖还田少耕两种保护性耕作技术类型，优先选择已有较好应用基础的县（市、区），分批开展整县推进，用3年左右时间，在县域内形成技术能到位、运行可持续的长效机制，保护性耕作面积占比原则上超过县域内适宜区域的50%以上，在其他县（市、区）扎实开展保护性耕作试点示范，循序渐进、逐步扩大实施面积，条件成熟的可组织整乡整村推进。以整体推进县（市、区）为重点，在县、乡两级建设一批高标准保护性耕作应用基地（每个县级基地集中连片面积原则上不少于1 000亩、乡镇级不少于200亩），打造高标准保护性耕作长期应用样板和新装备、新技术集成优化展示基地。

国务院发布《农作物病虫害防治条例》
（2020年3月）

《条例》指出，县级以上人民政府农业农村主管部门应当在农作物病虫害孳生地、源头区组织开展作物改种、植被改造、环境整治等生态治理工作，调整种植结构，防止农作物病虫害孳生和蔓延。应当指导农业生产经营者选用抗病、抗虫品种，采用包衣、拌种、消毒等种子处理措施，采取合理轮作、深耕除草、覆盖除草、土壤消毒、清除农作物病残体等健康栽培管理措施预防农作物病虫害。国家鼓励和支持科研单位、有关院校、农民专业合作社企业、行业协会等单位和个人研究、依法推广绿色防控技术。国家通过政府购买服务等方式鼓励和扶持专业化病虫害防治服务组织，鼓励专业化病虫害防治服务组织使用绿色防控技术。《条例》自2020年5月1日起施行。

《中华人民共和国固体废物污染环境防治法》修订发布
（2020年4月）

《固废法》指出，县级以上人民政府农业农村主管部门负责指导农业固体废物回收利用体系建设，鼓励和引导有关单位和其他生产经营者依法收集、储存、运输、利用、处置农业固体废物，加强监督管理，防止污染环境。

《固废法》要求，产生秸秆、废弃农用薄膜、农药包装废弃物等农业固体废物的单位和其他生产经营者，应当采取回收利用和其他防止污染环境的措施。从事畜禽规模养殖应当及时收集、储存、利用或者处置养殖过程中产生的畜禽粪污等固体废物，避免造成环境污染。禁止在人口集中地区、机场周围、交通干线附近及当地人民政府划定的其他区域露天焚烧秸秆。在生态保护红线区域、永久基本农田集中区域和其他需要特别保护的区域内，禁止建设工业固体废物、危险废物集中储存、利用、处置的设施、场所和生活垃圾填埋场。国家鼓励研究开发、生产、销售、使用在环境中可降解且无害的农用薄膜。《固废法》自2020年9月1日起施行。

《农村三格式户厕建设技术规范》等3项推荐性国家标准发布
（2020年4月）

国家市场监督管理总局、国家标准化管理委员会批准发布的《农村三格式户厕建设技术规范》《农村三格式户厕运行维护规范》《农村集中下水道收集户厕建设技术规范》，由农业农村部会同国家卫生健康委员会组织有关单位编制，聚焦当前我国农村改厕工作中的薄弱环节，统筹考虑不同地区的实际情况，突出标准的普适性、指导性和实用性。其中，《农村三格式户厕建设技术规范》重点就农村三格式户厕设计、安装与施工、工程质量验收等内容进行了规定，对三格化粪池选型、性能要求、检测方法等提出了相关技术指标；《农村三格式户厕运行维护规范》重点就农村三格式户厕的日常使用、粪污管理、维护、应急处置及管护等内容进行了规定，对粪口传播疾病发生的高风险地区如何做好三格式户厕管护提出了具体措施；《农村集中下水道收集户厕建设技术规范》则就农村集中下水道收集户厕设计、施工与工程质量验收等内容进行了规定，对于统筹推进农村厕所粪污与生活污水处理具有指导意义。

自然资源部发布《生态产品价值实现典型案例》（第一批）
（2020年4月）

第一批典型案例包括：福建省厦门市五缘湾片区生态修复与综合开发、福建省南平市"森林生态银行"、重庆市拓展地票生态功能促进生态产品价值实现、重庆市森林覆盖率指标交易、浙江省余姚市梁弄镇全域土地综合整治促进生态产品价值实现、江苏省徐州市潘安湖采煤塌陷区生态修复及价值实现、山东省威海市华夏城矿坑生态修复及价值实现、江西省赣州市寻乌县山水林田湖草综合治理、云南省玉溪市抚仙湖山水林田湖草综合治理、湖北省鄂州市生态价值核算和生态补偿、美国湿地缓解银行11项，分别介绍了各自背景、主要做法和成效。

中国农业绿色发展研究会成立
（2020年6月）

2020年6月，中国农业绿色发展研究会在北京召开第一届会员代表大会，农业农村部时任部长韩长赋出席会议并讲话。强调推进农业绿色发展，重点要做到4个突出：突出资源节约，坚持最严格的耕地和水资源保护制度，持续推进化肥农药减量增效，统筹推进节水、节肥、节药、节地、节能，促进农业节本增效、节约增收。突出环境友好，立足各地资源禀赋、生态条件和环境容量，调整优化农业结构和区域布局。突出生态保育，探索推广农牧结合、种养循环模式，加强生态农业建设。突出产品质量，推进农业标准化生产，加强农产品质量安全监管。

研究会主要以建立农业绿色发展研究体系、搭建农业绿色发展交流平台、夯实农业绿色发展咨询服务队伍、打造农业绿色发展数据中心为抓手，开展重大前瞻性问题研究、学术交流和战略决策咨询，为农业绿色发展提供理论指导和决策参考。农业农村部原副部长余欣荣当选为研究会理事长。大会发布了《中国农业绿色发展报告2019》。

国家发展和改革委员会、自然资源部印发
《全国重要生态系统保护和修复重大工程总体规划（2021—2035年）》
（2020年6月）

《规划》提出，到2035年，全国森林、草原、荒漠、河湖、湿地、海洋等自然生态系统状况实现根本好转，生态系统质量明显改善，生态服务功能显著提高，生态稳定性明显增强，自然生态系统基本实现良性循环，国家生态安全屏障体系基本建成，优质生态产品供给能力基本满足人民群众需求，人与自然和谐共生的美丽画卷基本绘就。森林覆盖率达到26%，草原综合植被盖度达到60%，湿地保护率提高到60%，新增水土流失综合治理面积5 640万公顷，自然海岸线保有率不低于35%，以国家公园为主体的自然保护地占陆域国土面积18%以上，濒危野生动植物及其栖息地得到全面保护。

《规划》提出，在青藏高原生态屏障区、黄河重点生态区（含黄土高原生态屏障）等重点区域，组织实施一系列重要生态系统保护和修复重大工程。在青藏高原生态屏障区布局实施三江源生态保护和修复等7项工程，在黄河重点生态区（含黄土高原生态屏障）布局实施黄土高原水土流失综合治理等5项工程，在长江重点生态区（含川滇生态屏障）布局实施横断山区水源涵养与生物多样性保护等8项工程，在东北森林带布局实施大小兴安岭森林生态保育等4项工程，在北方防沙带布局实施京津冀协同发展生态保护和修复等6项工程，在南方丘陵山地带布局实施南岭山地森林及生物多样性保护等3项工程，在海岸带布局实施粤港澳大湾区生物多样性保护等6项工程，在自然保护地布局实施国家公园建设等4项工程。同时，提出构建生态保护和修复支撑体系，包括提升科技支撑能力、构建监测监管信息化平台、保护森林草原、提供生态气象保障等。

农业农村部、生态环境部印发
《关于进一步明确畜禽粪污还田利用要求强化养殖污染监管的通知》
（2020年6月）

《通知》明确，国家鼓励畜禽粪污还田利用，支持养殖场户建设畜禽粪污处理和利用设施。已获得环评批复的规模养殖场如需由达标排放（含按农田灌溉水标准排放）变更为资源化利用（不含商业化沼气工程和商品有机肥生产），如在项目竣工环保验收前变更，按照非重大变动纳入竣工环境保护验收管理；在竣工环保验收后变更的，按照改建项目依法开展环评。

《通知》要求，畜禽粪污的处理应根据排放去向或利用方式的不同执行相应的标准规范。作为肥料利用，应符合《畜禽粪便无害化处理技术规范》《畜禽粪便还田技术规范》《畜禽粪污土地承载力测算技术指南》；向环境排放的，应符合《畜禽养殖业污染物排放标准》和地方有关排放标准；用于农田灌溉的，应符合《农田灌溉水质标准》。

《通知》强调，各地要督促指导规模养殖场制定畜禽粪肥还田利用计划，推动建立畜禽粪污处理和粪肥利用台账。加强日常监测，严防还田环境风险。加快畜禽粪污资源化利用先进技术和装备研发，积极推广全量收集利用畜禽粪污、全量机械化施用等经济高效的粪污资源化利用技术模式。

农业农村部、国家卫生健康委、生态环境部发布
农村厕所粪污无害化处理与资源化利用指南和典型模式
（2020年7月）

《农村厕所粪污无害化处理与资源化利用指南》提出了水冲式厕所粪污分散处理利用、水冲式厕所粪污集中处理利用、卫生旱厕粪污处理利用、简易旱厕粪污处理利用4种主要方式，介绍了政府全程管理、引入第三方专业服务组织、委托新型农业经营主体、依托村集体、农户自用5种运行机制，强调要确保无害化处理效果、坚持与农业生产相结合、加强运行维护、逐步开展风险监测评价。

《农村厕所粪污处理及资源化利用典型模式》根据组织管理、资金投入、技术模式、运行管护、主体参与等方面情况，推介了9种典型模式；其中，以政府为主导的模式3种，以第三方专业服务公司为主导的模式4种，以新型农业经营主体为主导的模式1种，以农户为主导的模式1种。这些模式各具特色、各有侧重，具有较强的针对性和可操作性。

农业农村部、工业和信息化部、生态环境部、市场监管总局发布《农用薄膜管理办法》
（2020 年 7 月）

《办法》规定，县级以上人民政府农业农村主管部门负责农用薄膜使用、回收监督管理工作，为农用薄膜使用者提供技术指导和服务，指导农用薄膜回收利用体系建设，建立农用薄膜残留监测制度；县级以上人民政府工业和信息化主管部门负责农用薄膜生产指导工作，督促生产者依法依规执行好相关标准；县级以上人民政府市场监管部门负责农用薄膜产品质量监督管理工作，建立农用薄膜市场监管制度，定期开展农用薄膜质量监督检查；县级以上生态环境部门负责农用薄膜回收、再利用过程环境污染防治的监督管理工作。

《办法》对生产者、销售者、使用者在相关环节的行为作出了明确规定。生产者应当执行农用薄膜相关标准，在产品上添加企业标识，标明推荐使用时间，建立出厂销售记录制度。销售者应当依法查验农用薄膜产品的包装、标签、质量检验合格证，不得采购和销售未达到强制性国家标准的农用薄膜，不得将非农用薄膜销售给农用薄膜使用者，依法建立销售台账。使用者应当按照产品标签标注的期限使用农用薄膜，生产企业、专业合作社等使用者应当依法建立农用薄膜使用记录。

《办法》规定，使用者应当在使用期限到期前捡拾田间的非全生物降解农用薄膜废弃物，交至回收网点或回收工作者，不得随意弃置、掩埋或者焚烧；生产者、销售者、回收网点、废旧农用薄膜回收再利用企业或其他组织等应当开展合作，采取多种方式，建立健全农用薄膜回收利用体系，推动废旧农用薄膜回收、处理和再利用。

《办法》提出，鼓励研发、推广农用薄膜回收技术与机械，因地制宜、多措并举开展废旧农膜回收再利用；鼓励和支持生产、使用全生物降解农用薄膜；支持废旧农用薄膜再利用企业按照规定，享受用地、用电、用水、信贷、税收等优惠政策，扶持从事废旧农用薄膜再利用的社会化服务组织和企业。《办法》自 2020 年 9 月 1 日起施行。

国家发展和改革委员会、生态环境部、工业和信息化部、住房和城乡建设部、农业农村部、商务部、文化和旅游部、市场监管总局、供销合作总社联合印发《关于扎实推进塑料污染治理工作的通知》
（2020 年 7 月）

《通知》要求，各地市场监管部门开展塑料制品质量监督检查，依法查处生产、销售厚度小于 0.025 毫米的超薄塑料购物袋和厚度小于 0.01 毫米的聚乙烯农用地膜等行为。

《通知》提出，各地农业农村部门要加强与供销合作社协作，组织开展以旧换新、经营主体上交、专业化组织回收等，推进农膜生产者责任延伸制度试点，推进农膜回收示范县建设，健全废旧农膜回收利用体系；要会同相关部门对市场销售的农膜加强抽检抽查，将厚度小于0.01毫米的聚乙烯农用地膜、违规用于农田覆盖的包装类塑料薄膜等纳入农资打假行动。

农业农村部、生态环境部发布
《农药包装废弃物回收处理管理办法》
（2020年7月）

《办法》提出，县级以上地方人民政府农业农村主管部门负责本行政区域内农药生产者、经营者、使用者履行农药包装废弃物回收处理义务的监督管理。县级以上地方人民政府生态环境主管部门负责本行政区域内农药包装废弃物回收处理活动环境污染防治的监督管理。

《办法》提出，县级以上地方人民政府农业农村主管部门指导建立农药包装废弃物回收体系，合理布设县、乡、村农药包装废弃物回收站（点）。农药生产者、经营者应当按照"谁生产、经营，谁回收"的原则，履行相应的农药包装废弃物回收义务。农药经营者应当在其经营场所设立农药包装废弃物回收装置，不得拒收其销售农药的包装废弃物。农药经营者和农药包装废弃物回收站（点）应当建立农药包装废弃物回收台账，记录农药包装废弃物的数量和去向信息，回收台账应当保存2年以上。农药使用者应当及时收集农药包装废弃物并交回农药经营者或农药包装废弃物回收站（点），不得随意丢弃。国家鼓励和支持对农药包装废弃物进行资源化利用；资源化利用以外的，应当依法依规进行填埋、焚烧等无害化处置。资源化利用不得用于制造餐饮用具、儿童玩具等产品，防止危害人体健康，资源化利用单位不得倒卖农药包装废弃物。《办法》自2020年10月1日起施行。

自然资源部、财政部、生态环境部印发
《山水林田湖草生态保护修复工程指南（试行）》
（2020年8月）

《指南》明确，"山水工程"实施要遵循自然生态系统的整体性、系统性、动态性及其内在规律，用基于自然的解决方案，综合运用科学、法律、政策、经济和公众参与等手段，统筹整合项目和资金，采取工程、技术、生物等多种措施，对山水林田湖草等各类自然生态要素进行保护和修复，实现国土空间格局优化，提高社会-经济-自然复合生态系统弹性，全面提升国家和区域生态安全屏障质量，促进生态系统良性循环和永续利用。

《指南》提出，实施"山水工程"要遵循5方面保护修复原则，即生态优先、绿色发展，自然恢

复为主、人工修复为辅，统筹规划、综合治理，问题导向、科学修复，经济合理、效益综合；明确7方面一般规定，即落实国土空间用途管制要求，确保生态安全、突出生态功能、尊重自然风貌，以本地适宜的生态系统为优先参照标准，以生物多样性保护为重要目标，开展适应性管理，推动多方共同参与，加强科技支撑；聚集5个方面的建设内容，即自然保护地核心保护区、生态保护红线内其他区域、一般生态空间、乡村空间生态保护修复及城镇空间生态保护修复；按照4阶段技术流程组织实施，即工程规划、工程设计、工程实施和管理维护。《指南》既适用于中央财政支持的山水林田湖草生态保护修复工程，也适用于地方自行开展的各类生态保护修复工程，旨在推动山水林田湖草整体保护、系统修复、综合治理。

自然资源部发布《生态产品价值实现典型案例》（第二批）
（2020年10月）

第二批典型案例包括：江苏省苏州市金庭镇发展"生态农文旅"促进生态产品价值实现、福建省南平市光泽县"水美经济"、河南省淅川县生态产业发展助推生态产品价值实现、湖南省常德市穿紫河生态治理与综合开发、江苏省江阴市"三进三退"护长江生态产品价值实现、北京市房山区史家营乡曹家坊废弃矿山生态修复及价值实现、山东省邹城市采煤塌陷地治理促进生态产品价值实现、河北省唐山市南湖采煤塌陷区生态修复及价值实现、广东省广州市花都区公益林碳普惠项目、英国基于自然资本的成本效益分析10项。要求各地结合本地区实际情况学习借鉴，并组织市县积极探索创新，加快建立政府主导、企业和社会各界参与、市场化运作、可持续的生态产品价值实现机制。

《中华人民共和国生物安全法》颁布
（2020年10月）

《生物安全法》规定，国务院及其有关部门根据生物安全工作需要，对涉及生物安全的材料、设备、技术、活动、重要生物资源数据、传染病、动植物疫病、外来入侵物种等制定、公布名录或清单，并动态调整。国家加强对外来物种入侵的防范和应对，保护生物多样性。国务院农业农村主管部门会同国务院其他有关部门制定外来入侵物种名录和管理办法。国务院有关部门根据职责分工，加强对外来入侵物种的调查、监测、预警、控制、评估、清除及生态修复等工作。任何单位和个人未经批准，不得擅自引进、释放或者丢弃外来物种。该法自2021年4月15日起施行。

全国农膜回收行动推进会在京召开
（2020年11月）

2020年11月，农业农村部在北京召开全国农膜回收行动推进会，农业农村部科技教育司和农业农村部农业生态与资源保护总站有关领导参加会议。

会议指出，近年来，各级农业农村部门深入实施农膜回收行动，不断强化制度建设、完善扶持政策、创新回收机制、强化监测考评，切实加大对"白色污染"治理力度。出台《农用薄膜管理办法》，构建覆盖农膜生产、销售、使用、回收等环节的全程监管体系。以西北地区为重点扶持建设回收加工企业400余家、回收网点3 000余个，初步构建了政府引导、市场主体的回收利用体系。在西北地区6个县开展了农膜回收区域补偿制度试点，探索将耕地地力补贴发放与农膜回收、保护耕地的责任相挂钩。推进500个农膜残留国控监测点建设，积极加密布设省控点，及时掌握污染动态变化趋势。

会议强调，各地要紧盯短板与薄弱环节，精准发力、多措并举，推动依法依规全程治理、技术模式示范应用、政策机制落实落地、回收体系发挥实效，进一步强化责任落实、监测考核、科技支撑、宣传引导，力争年底前全国农膜回收率达到80%以上。

来自内蒙古、浙江、重庆、甘肃4个省（自治区、直辖市）的有关区域补偿制度试点县的代表作了交流发言。有关专家围绕《农用薄膜管理办法》解读、农膜回收区域生态补偿制度探索与实践、农膜台账工作等进行了讲解。

《中华人民共和国长江保护法》颁布实施
（2020年12月）

《长江保护法》提出，国家应加强长江流域农业面源污染防治。长江流域农业生产应当科学使用农业投入品，减少化肥、农药施用，推广有机肥施用，科学处置农用薄膜、农作物秸秆等农业废弃物。禁止在长江流域河湖管理范围内倾倒、填埋、堆放、弃置、处理固体废物。

《长江保护法》要求，国务院有关部门会同长江流域有关省级人民政府加强对三峡库区、丹江口库区等重点库区消落区的生态环境保护和修复，因地制宜实施退耕还林还草还湿，禁止施用化肥、农药，科学调控水库水位，加强库区水土保持和地质灾害防治工作，保障消落区良好生态功能。对氮磷浓度严重超标的湖泊，应当在影响湖泊水质的汇水区，采取措施削减化肥用量，禁止使用含磷洗涤剂，全面清理投饵、投肥养殖。长江流域县级以上地方人民政府应当编制并组织实施养殖水域滩涂规划，合理划定禁养区、限养区、养殖区，科学确定养殖规模和养殖密度；强化水产养殖投入品管理，指导和规范水产养殖、增殖活动。《长江保护法》自2021年3月1日起施行。

农业野生植物保护

开展资源调查与收集

一、修订《国家重点保护野生植物名录》

2020年4月，农业农村部与国家林业和草原局联合发布第8号公告，明确发菜、冬虫夏草、画笔菊、革苞菊、瓣鳞花、辐花、异颖草、毛披碱草、内蒙古大麦、三蕊草、线苞两型豆、红花绿绒蒿、胡黄连、山莨菪、沙芦草、短芒披碱草、无芒披碱草、四川狼尾草、华山新麦草、箭叶大油芒20种野生植物的采集、出售、收购、进出口等监督管理工作划转至林业和草原主管部门。同时，联合发布《关于〈国家重点保护野生植物名录〉公开征求意见的通知》，向社会公开征求对拟收录国家重点保护野生植物的468种和25类野生植物进入名录的意见，推动名录修订。

二、开展农业野生植物资源调查与抢救性收集

2020年，农业农村部组织15家科研院所开展野生稻、小麦近缘野生植物、野生蔬菜、野生茶、野生果树、花卉等农业野生植物物种的调查。全年针对野大豆、兰花、野苹果等珍稀农业野生植物资源调查面积687.05万亩，累计调查821种次，抢救性搜集标本4 574份。

在农作物近缘野生植物监测调查方面，青海大学在海南藏族自治州和海北藏族自治州通过选取小麦族物种分布丰富的代表性生境，以天然居群为单位，调查、监测及取样（随机取30株），共监测到小麦族植物5属（冰草属、鹅观草属、披碱草属、赖草属和大麦属）11种（冰草、大颖草、糙毛以礼草、垂穗披碱草、老芒麦、披碱草、麦宾草、圆柱披碱草、短芒披碱草、赖草和紫大麦草），共36个居群。中国农业科学院就野生稻中的普通野生稻和药用野生稻、野生大豆中的一年生野生大豆和多年生野生大豆、小麦野生近缘植物中的冰草和沙芦草、水生植物中的野生莲和野生菱、药用植物中的金荞麦和五味子、野生猕猴桃11个重要农业野生植物物种开展调查，完成了203个居群调查。

在野生果树中药材植物监测调查方面，广西大学针对百色市凌云县、隆林县、西林县、田林县4个县的65万亩野生茶树等资源进行了实地调查，共收集100份野生茶树种质资源；同时，完成了1 300余株野生猕猴桃、野生树梅、野生杨梅、野生兰花、野生番石榴等的收集和苗圃移栽保存工作。吉林农业大学调查发现软枣猕猴桃117处、野生刺五加135处。中国热带农业科学院热带作物品种资源研究所在云南、海南等地调查发现植物新种1个（木兰科含笑属凹叶含笑 *Michelia retusa* Q. L. Wang）、新变种1个（绿果海南假砂仁 *Amomum chinense* Chun var. *Viridescens*）、中国新记录种2个（铺地锦香草 *Phyllagathis prostrata* 和矮小二仙草 *Gonocarpus humilis*）。

在野生花卉资源监测调查方面，河南农业大学在黄河流域郑州段发现1个新物种（唇花天仙子 *Hyoscyamus labiatus* Y.Y. Liu, Q.R. Wang & J.M. Li）。西北农林科技大学完成了陕西火烧兰、头蕊兰、流苏虾脊兰、蕙兰、舌唇兰、一叶兜被兰、角盘兰、毛萼山珊瑚、见血青、台

调查人员在陕西省山阳县调查兰科植物

湾盆距兰、城口卷瓣兰和短距风兰12种兰科植物调查任务。中国科学院地理科学与资源研究所在西藏自治区察隅、墨脱、波密、林芝4县调查发现兰科植物33属56种，占西藏现有记录属、种的37.1%和16.7%。

广西大学开展野生茶树资源调查

高分蘖野生稻

专栏1：西藏手参资源

1.资源特点　手参（*Gymnadenia conopsea*）系兰科手参属多年生草本植物，又名佛手参、掌参和手掌参，株高20～80厘米，因其地下块茎掌状4～5裂且形似手掌而得名。手参为传统藏医和中医重要药材之一，还是药食同源植物，被作为滋补食品。

2.分布现状　主要分布于西藏东南部、南部及雅鲁藏布江下游沿岸的海拔1 300～3 600米山坡林下或草地上，上限可达4 600米，集中分布在亚东县、加查县、米林县、林芝县、墨脱县和察隅县等地，处于高海拔、强日照、大温差、高寒缺氧和环境无污染等独特自然生态环境中，品质优于其他产地。

3.种群数量及变动趋势　长期以来，由于手参人工繁殖困难，完全依赖采集自然野生资源作为药材，造成其野生资源储藏量锐减，野生种群处于极度退化状态，加上过度放牧及人为采挖，野生种群和生境受到严重威胁。

4.生境保护现状　目前，全国范围内均没有建立有效的保护手段及措施，急需建立自然保护区，并加强立法和执法，严格控制或禁止采挖野外种群等无序行为。同时，组织科研力量，加强引种、人工繁育技术研究，大力推广人工种植技术，彻底改变以野外资源利用为主的现状，有效保护野生手参资源。

西藏手参资源现场调查   西藏手参花期植株   西藏手参鲜根

专栏2：吉林省开展野生大豆资源调查

2020年8—9月，吉林农业大学对集安市、通化县、靖宇县、通榆县、大安市、洮北区、洮南市等县（市、区）野生植物分布区域的野生大豆资源生存现状进行了调查，在100处15.6万亩野生植物分布区域观测到野生大豆，并对野生大豆分布区域进行了GPS定位。

从调查结果看，吉林省东部山区、半山区野生大豆资源十分丰富，野生大豆生存现状为优，物种种群及变动趋势为恢复，野生植物及其生境受威胁程度为轻度；西部地区野生大豆生存现状为差，物种种群退化，野生植物及其生境受到开垦草原、过度放牧、草原沙化盐碱化、气候干旱等因素威胁，威胁程度严重。

吉林省野生大豆资源调查   野生大豆植株

加强调查监测

2020年，农业农村部组织中国农业科学院有关专家对位于海南、广东、广西、江西和湖南的8个野生稻原生境保护点，以及湖南的1个野生金荞麦、1个野生猕猴桃、1个野生菱原生境保护点，进行了现场检查和监测。监测结果表明，野生稻原生境保护点普遍存在目标物种消长变化显著问题，主要表现在保护点内杂草和杂木生长非常旺盛，而野生稻分布密度和丰富度均呈下降趋势，有的保护点需要在杂草丛中寻找野生稻。针对被检查保护点存在的问题，专家组提出了相应的管理指导意见。

加强原生境保护

2020年，国家林业和草原局、农业农村部、中共中央政法委、公安部、市场监督管理总局、国家互联网信息办公室联合下发《关于加强野生植物保护的通知》。农业农村部在河北、山西、湖南、湖北、四川和新疆6个省（自治区），投资建设农业野生植物原生境保护区（点）7个；其中，续建项目5个，新建项目2个。项目涉及肉苁蓉、野生猕猴桃、野生茶、穿龙薯蓣、甘草、草麻黄、大花杓兰、党参等10余个珍稀农业野生植物物种。项目总投资11 233.77万元，其中中央投资9 197万元、地方配套2 036.77万元。

各地农业农村部门加强农业野生植物原生境保护区（点）常规监测与管护，约75%的原生境保护区（点）得到了较好的管护。湖北、湖南、河北等省进一步完善信息化自动监测网络，覆盖区域内大部分原生境保护区（点）。广西壮族自治区农业农村厅印发《自治区农业农村厅关于印发2020年优质种业提升工程补助市县项目实施指导意见的通知》，专门安排100万元省级财政资金用于保护点的管护和监测，确保了11个农业野生植物原生境保护点工作的稳定开展；同时，支持2个野生茶异位保护资源圃管护及相关资源收集、研究工作，有效备份、保护了地方野生茶种质资源。

野生牡丹原生境保护区在线预警监控系统终端

专栏3：安徽省开展农业野生植物原生境保护点调查

2020年10—11月，安徽省组织开展全省农业野生植物原生境保护点专项调查，对全省13个农业野生植物原生境保护点实施现场调研与核查，内容包括原生境保护点管护情况、保护目标植物生长情况、保护点基础设施维护情况、人为破坏情况、受害情况等，并针对各保护点运行管理中出现的相关问题进行了现场整改指导。

安徽省宿松县野大豆保护点　　　　　　　安徽省五河县野大豆原生境保护点

外来入侵物种防控

政策与法规建设

2020年，农业农村部认真落实中央领导同志对外来入侵物种防控问题的批示，部科技教育司牵头农业农村部农业生态与资源保护总站（以下简称农业农村部生态总站）和中国农业科学院植物保护研究所、农业环境与可持续发展研究所、环境保护科研监测所等单位组织专班，完成了《外来入侵物种普查技术方案》、《全国外来入侵物种普查组织方案》、《全国外来入侵物种普查组织和技术试点方案》、全国外来入侵物种普查试点应急经费项目申报书、分省分行业外来物种普查清单等专题材料，初步选定在河北、四川等10省20县开展外来入侵物种普查试点，通过试点验证优化普查技术方案和工作流程，为下一步全面推进外来入侵物种普查工作提供借鉴。

10月17日，第十三届全国人民代表大会常务委员会第二十二次会议通过了《生物安全法》，明确农业农村主管部门会同国务院其他有关部门制定外来入侵物种名录和管理办法，国务院有关部门根据职责分工，加强对外来入侵物种的调查、监测、预警、控制、评估、清除及生态修复等工作。

农业农村部认真落实《生物安全法》相关规定，组织部属相关单位，开展《外来入侵物种管理办法》《国家重点管理外来入侵物种名录》《农业外来物种入侵突发事件应急处置预案》等制修订预研工作。

调查监测

2020年，农业农村部组织全国22家政府购买服务承担单位与部属科研单位对薇甘菊、紫茎泽兰、刺萼龙葵、少花蒺藜草、豚草、三裂叶豚草、加拿大一枝黄花、水葫芦、大藻、互花米草、银胶菊、假臭草、野燕麦、印加孔雀草、马缨丹、水花生、黄顶菊、假苍耳18种外来入侵植物，以及福寿螺、苹果蠹蛾、红火蚁、马铃薯甲虫4种入侵动物，开展了调查。全国新增省级固定监测点164个。截至2020年底，全国已发现外来入侵物种660余种，其中严重危害农牧渔业生产的160余种。

农业农村部生态总站联合中国农业科学院农业资源与农业区划研究所，在南方20处重点水域，继续开展水葫芦、水花生、大藻等外来水生入侵植物月度遥感监测和舆情监测。监测结果表明，2020年外来水生入侵植物发生面积较2019年有所增加，入侵暴发点总数量为4 186处，暴发总面积为335.4平方千米，阻塞河段长度为446.5千米。2020年，1—4月受较低气温影响，南方重点水域外来水生入侵植物总体分布面积较小；5—9月由于气温上升，分布面积大幅增加。在20处重点水域中，上海市苏州河、江西省萍水河和湖南省浏阳河等地治理成效显著，未监测到大面积外来水生入侵植物分布；湖北省洪湖全年暴发点数量及入侵暴发总面积分别为1 752处和214.5平方千米；上海市淀山湖、江苏省大纵湖、福建省莆田木兰溪和云南省滇池外来入侵水生植物分布面积较大，全年总分布面积高于10平方千米；广东省惠州东江、广西壮族自治区拉浪和钦江、贵州省锦屏等地仍存在较小面积分布，全年总分布面积在1平方千米以内。

附件1

外来入侵物种网络舆情监测动态

2020年第7期（总第10期）

农业部农业生态与资源保护总站　　　　　2020年07月27日

　　7月20日至26日，监测外来物种网络舆情相关报道99223条。其中，"黄脊竹蝗"传播量最高，其次是草地贪夜蛾、红火蚁、牛蛙、沙漠蝗等。

　　一、舆情要闻

　　"新华社：食为政首——稳住农业基本盘增添发展底气（传播量：3688条）"、"第一观察：这件事为何成为总书记心中的'永恒课题'（传播量：1358条）"报道中分别提及草地贪夜蛾和沙漠蝗。

　　二、境外新发种入侵跟踪

　　1.新浪网7月26日报道：云南黄脊竹蝗灾情严重 各方全力防控（传播量：1472条）

　　6月28日，云南省普洱市江城县发现黄脊竹蝗迁飞入境，主要危害竹子，也取食芭蕉、棕叶芦等植物，危害玉米等农作物。经专家论证和实地观察，该虫主要迁飞入境通道有4个，核心通道位于江城县的牛倮河自然保护区。截至目前，云南省普洱市、西双版纳

1

外来入侵物种网络舆情监测动态

附件2

外来入侵物种网络舆情监测周报

2020年第9期（总第12期）

农业部农业生态与资源保护总站　　　　　2020年08月10日

　　自2020年8月03日至8月10日，监测外来物种网络舆情相关报道102614条。其中，"草地贪夜蛾"传播量最高，其次是黄脊竹蝗、牛蛙、巴西龟、红火蚁等。

　　一、舆情要闻

　　本周"微信公众号"半月谈"8月4日报道：660多种已入侵中国！外来入侵物种十年增三成（传播量：1745条）"、"人民日报8月7日报道：坚决扛稳国家粮食安全重任（深入学习贯彻习近平新时代中国特色社会主义思想）（传播量：843条）"报道中分别提及外来物种入侵形势和草地贪夜蛾、稻飞虱、稻纵卷叶螟、黄脊竹蝗、沙漠蝗等外来物种。

　　二、境外新发种入侵跟踪

　　美国确认"来自中国"神秘种子无害，但称为了"国家安全"不要种。

　　微信公众号"环球时报国际"8月3日报道：据福克斯新闻网报道，美国农业部动植物卫生检验局已经调查确认了一些神秘的种

1

外来入侵物种网络舆情监测周报

专栏1：农业农村部等五部门开展外来入侵物种联合调研

　　2020年9月，农业农村部会同自然资源部、生态环境部、海关总署、国家林业和草原局5个部门的9家单位组成联合调研组，赴湖南、湖北、贵州等8省（自治区），实地察看草地贪夜蛾、红火蚁、松材线虫等外来入侵物种发生与防控情况，并与当地主管部门进行座谈。

农业农村部等五部门开展外来入侵物种联合调研

专栏2：湖南省开发外来入侵物种监管信息化平台

湖南省农业农村厅依托中国农业科学院植保所，启动全省外来入侵物种监管信息化平台建设工作，初步构建了农业经营主体—组—村（社区）—乡（镇、街道）—县（市、区）—市（州）—省的外来入侵物种监管信息7级畅通体系，形成了信息互通、技术共享机制，全面实施监测，掌握重点外来入侵物种发生情况和发展动态，发布监测预警通报。

实地踏查监测

外来入侵物种防控

2020年，农业农村部积极推进外来入侵物种防控，组织完成黄河流域外来入侵物种名单梳理与防控报告，指导甘肃省平凉市开展美洲斑潜蝇防治示范工作，有效抑制病虫害的生长，显著提升辣椒的产量；指导新疆维吾尔自治区开展豚草与三裂叶豚草的综合防控试点工作，筛选出高效刈割方法，连续刈割2年以上可减少三裂叶豚草土壤种子库99%以上，初步筛选出成本低、药效高的除草剂3种，防控成本降至5～10元/（亩·年）；指导湖北省宜昌市远安县开展福寿螺应急防治工作；在海南省开展全国外来入侵物种水葫芦的现场灭除活动，以及外来入侵物种监测防控和野生植物监测保护技术培训。

同年，辽宁省开展外来入侵植物豚草、少花蒺藜草和刺萼龙葵预警调查工作。采取以点带面的方式，调查了全省14个市75个县（市、区）235个乡（镇、街道），发布了3期全省外来入侵植物预警预报，科学指导全省外来入侵植物的防治工作；确定7月为全省外来入侵植物灭毒除害行动月，集中开展灭除活动，如铁岭市组织全市87家市直单位的2 600多名党员干部职工开展集中拔除豚草活动。全省通过人工拔除、机械铲除、化学药剂防治和替代控制等多种方式，灭除豚草约14.4万亩、少花蒺藜草约7.6万亩、刺萼龙葵约11.7万亩，重点发生区域灭除率达到80%以上。

宁夏回族自治区采取重点调查与面上调查相结合、定点监测与分散布控相结合的方法，于2020年，在全区开展外来入侵物种调查和监测，监控面积160万亩，基本摸清刺苍耳、少花蒺藜草、毒麦、节节麦、山斑大头泥蜂、双斑萤叶甲、马铃薯甲虫、豚草、三裂叶豚草9种入侵物种的发生、危害情况；同时，对刺苍耳、山斑大头泥蜂、双斑萤叶甲3种外来入侵物种开展重点灭除，综合防控面积152万亩，防治率为95%，遏制了刺苍耳等危害性植物的蔓延。

专栏3：农业农村部举办外来入侵物种水葫芦现场灭除活动

2020年11月，农业农村部生态总站联合海南省农业农村厅、万宁市人民政府在万宁市龙滚镇举办外来入侵物种水葫芦现场灭除活动，来自全国29个省、自治区和计划单列市的代表、海南省8个市县农业主管部门及相关专家约100人参加了现场灭除活动，农业农村部生态总站李少华副站长出席启动仪式。活动采取植保无人机喷施生物制剂高效防除水葫芦的方法，防治河段约50千米，防治水葫芦约1 200亩。

水葫芦灭除活动现场

科研推广与科普宣传

2020年，农业农村部结合《生物安全法》出台，在体系内组织开展多种形式的宣贯活动。同时，依托中国农业科学院农业信息研究所开展周度舆情监测工作，收集互联网、微信、微博、论坛等平台涉及外来物种入侵相关事件舆情约600万篇。通过分析发现，舆情以中性为主、约占75%，正面和负面占比分别为18%和7%。网民高度关注草地贪夜蛾、沙漠蝗、红火蚁、黄脊竹蝗、非洲大蜗牛、牛蛙、福寿螺、加拿大一枝黄花、巴西龟、鳄雀鳝等物种，其中草地贪夜蛾传播量最高、约占12%。"东非蝗灾蔓延""鸭子出征灭蝗""我国已发现660多种外来生物入侵"等为网络年度舆论热点话题。

专栏4：安徽省举办外来入侵物种防控专项培训和现场灭除活动

2020年10月，安徽省农业生态环境总站牵头联合安徽农业大学举办了全省农业外来入侵物种防控专项培训，针对黄山市野生植物资源丰富与外来入侵物种威胁逐年加大的矛盾，重点开展了外来入侵物种防治技术野外培训，交流外来入侵生物综合防治经验、方法与成果；全省16个市及相关县区的农业生态环保技术干部50余人参加培训。在开展培训基础上，为加强防控、增加实践经验，在黄山市屯溪区开展了"加拿大一枝黄花现场灭除活动""豚草现场灭除活动"。

安徽省外来入侵物种防控与农业野生植物保护培训会

安徽省2020豚草灭除现场会　　　　　　安徽省加拿大一枝黄花灭除现场会

专栏5：河北省开展刺萼龙葵综合防控技术试验

2020年，河北省农业环境保护监测总站与河北农业大学植保学院合作，在张家口市怀安县建立了"刺萼龙葵综合防控技术试验示范区"；开展了物理深翻压草处理，苯磺隆、阔封、莠去津等化学防除，玉米、菊芋生物替代等技术试验，效果良好。试验示范显示：一是在禾本科草本为本底的荒地或草原环境中，可使用苯磺隆控制刺萼龙葵发生数量。苯磺隆可有效抑制刺萼龙葵等双子叶杂草的扩散，防控率达96.5%，并且对环境的毒性很低，使用安全。二是在玉米田中可在玉米苗期使用氯氟吡氧乙酸（阔封）或莠去津来抑制刺萼龙葵的早期发生。当玉米植株长到中期阶段时，由于其高度和密度优势将自然抑制农田中的各种杂草，从而起到生物替代的作用（防控率99%）。三是生产绿色或有机玉米、不能使用化学药剂的情况下，可以采取深翻的物理防控方法来实现早期的控草。

现场查看防控效果　　　　　　　　　　防控试验区采样调查

农业面源污染防治

开展农业面源污染例行监测

2020年，农业农村部继续组织开展农业面源污染例行监测，依托全国241个农田氮磷流失监测点（地表径流点位165个，地下淋溶点位76个），开展农田氮磷流失状况监测，分析不同种植模式下区域主推耕作方式和施肥措施等对农田氮磷流失的影响；在全国选取2万个典型地块，开展地块面积、肥料、农药、耕作方式、施肥、灌溉等调查统计工作。同时，在11个省份开展大尺度田块农业面源污染监测，为科学评价农业源污染物入水体负荷核算提供量化依据，探索大田监测与效果评价有效手段；完成了2019年度监测数据审核、整理、汇总、分析等，形成了《2019年度全国农田面源污染状况报告》。

为加强监测指导服务，适应疫情防控要求，通过视频方式对部分省份开展了培训指导和技术服务。组织赴甘肃、内蒙古、辽宁、山东等重点省份开展现场指导。实时更新"农田氮磷流失监测"数据填报系统，完成手机App采样和调查填报系统，实现与网页版同步，使一线人员操作更便捷。

12月，农业农村部生态总站在福建省福州市举办了农田氮磷流失及农业废弃物监测点数据分析应用培训班，相关专家对长江经济带农业面源污染治理技术与典型案例、农田氮磷流失和残留地膜监测技术要点、数据监测填报系统进行了应用培训，云南、江苏等地代表分别就氮磷、地膜监测等工作交流了经验，各任务承担单位汇报了年度项目实施情况，李少华副站长出席开班式并讲话，对下一步工作开展提出了明确要求，来自全国31省（自治区、直辖市）农业环保站、监测任务承担单位的有关技术人员和专家代表参加了培训。

农田氮磷流失及农业废弃物监测点数据分析应用培训班

专栏1：上海市开展种植业面源污染定位监测

上海市在青浦区、奉贤区和浦东新区设置6个监测点（其中国控点3个），通过设置常规施肥区、单项减排区和综合减排区，对耕地的理化性状、生产能力和环境质量进行动态评估；根据每次降雨产流，采集水样、土样、作物植株样等，对样品开展水土总氮、硝态氮、土壤有机质等指标的检测，重点监测露地蔬菜及水稻种植模式下的农田地表径流氮磷养分流失状况。结果显示：上海市稻田总氮、总磷流失量均低于全国平均水平，而露地菜田的总氮、总磷流失量略高于全国平均水平，与临近省、市较为接近。

国家农业面源污染定位监测点（上海青浦区）

专栏2：安徽省举办农田氮磷流失监测点物联网培训会议

2020年7月，安徽省在巢湖市召开农田氮磷流失监测点物联网培训会议，对全省农田氮磷流失监测和典型地块调查任务进行了部署，邀请安徽农业大学对监测技术要点进行讲解。同时，在巢湖市西宋农田氮磷流失国控监测点，开展了农业物联网现场培训，通过田间现地教学、室内系统讲解和交流讨论，提高了监测点技术人员对设备的操作使用和维护管理能力。相关监测点负责人及技术人员等30余人参加了培训。

安徽省农田氮磷流失监测点物联网培训会议

安徽省农田氮磷流失监测点物联网现场培训

专栏3：江苏省组织开展农田氮磷流失监测

江苏省组织开展全省农田氮磷流失监测工作交流，对监测工作要点、样品采集运输保存和检测注意事项进行了重点培训，组织人员赴宜兴开展样品检测技术现场观摩，交流氮磷流失检测质控要点和经验，赴太仓、句容调研新建监测点的建设和试运行情况，邀请专家就监测点维护、修缮工作开展现场评估。

开展农田氮磷流失监测工作交流

专栏4：浙江省采用远程智控系统开展面源污染监测

浙江省在天台县平桥镇布设稻麦轮作地表径流和地下淋溶新质2个面源污染监测点采用远程智控系统，实现机器换人，在减少人工的同时更加规范化采集样品，进一步保障数据的精确性。该系统具有自动搅拌、自动采样、自动清洗、自动排流功能，在无人值守的情况下也能自动、及时、准确采样，实现了日常管理可视化、信息化。浙江省通过以年为单位的长期跟踪监测与数据记录，建立面源污染数据动态分析，构建年度农业生态环境评价指标体系，为进一步治理农田面源污染提供数据支撑。

平桥镇稻麦轮作监测点　　　　　　　　　平桥镇稻麦轮作监测点试验小区

发布第二次全国污染源普查成果

2020年6月8日，生态环境部、国家统计局和农业农村部联合发布《第二次全国污染源普查公报》。公报显示，第二次全国污染源普查取得了5个方面重要成果。

1. 摸清了全国各类污染源的基本情况 2017年底，全国各类污染源数量358.32万个（不含移动源）。其中，工业源247.74万个、生活源63.95万个、畜禽规模养殖场37.88万个、集中式污染治理设施8.4万个；广东、浙江、江苏、山东、河北5省各类污染源数量占到全国总数的52.94%，全国污染源数量特别是工业污染源数量，呈现出由东向西逐步减少的态势。

2. 掌握了各类污染源排放情况 在全国水污染物排放中，化学需氧量2 143.98万吨、总氮304.14万吨、氨氮96.34万吨。从排放量看，长江、珠江、淮河流域化学需氧量、总氮和氨氮等污染物排放量较大。从排放强度看，海河、辽河、淮河流域单位水资源污染物排放强度大。2017年全国秸秆产生量8.05亿吨，利用量5.85亿吨。

3. 健全了重点污染源档案和污染源信息数据库 通过普查获得了1 800余张数据库表、1.5万余个数据字段和1.5亿多条数据记录，形成了第二次全国污染源普查"一张图"。

4. 培养锻炼了一批具有环保铁军精神的业务骨干 各级普查员和普查指导员通过接受系统化培训和现场调查，了解重点行业企业的生产工艺、污染治理技术和环保设施等相关情况，掌握了各类污染物排放核算方法，成为有高度责任心和奉献精神、熟悉政策、精通业务的综合型人才。

5. 提高了全民生态环境意识 在3年普查期间，通过多媒体、多方式宣传，广泛动员社会各界力量积极参与普查工作，提高了全社会环保意识，营造了普查良好氛围。

根据第二次全国污染源普查结果，2007—2017年，我国粮食产量从5亿吨增加到6.6亿吨，肉蛋奶产量从1.2亿吨增加到1.4亿吨，水产品产量从3 100万吨增加到4 700万吨。与此同时，农业源化学需氧量、总氮、总磷排放分别下降了19%、48%、25%，实现了增产又减污。

推进重点流域农业面源污染综合治理

2020年，农业农村部会同国家发展改革委安排中央预算内投资11亿元，继续实施长江经济带农业面源污染治理专项，选择重点区域和环境敏感区域，按照"整县推进、突出重点、综合治理、地方为主、中央补助"的思路，支持长江流域中西部省份53个县，以县为单位，以畜禽养殖污染治理为重点，全面加强污染源头减量、过程控制和末端治理。同时，按照《长江经济带农业面源污染治理专项中央预算内投资安排方案》要求，对项目实施情况和污染治理成效好的项目县，给予一定的中央投资奖励，适度提高中央投资补助和补助金额上限，相应减少地方政府投资；对于实施情况和治理效果较差的项目县，适度调减剩余的中央补助投资，项目建设所需资金缺口由地方政府解决。各地结合项目实施，凝练形成了湖南赫山"减源循环控污"、江苏太仓"减-拦-净"等农业面源污染综合治理典型模式。

农业农村部按照"十四五"规划编制有关要求，组织开展了国内外农业面源防治技术及政策进展等8个专题研究，起草完成了"十四五"重点流域农业面源污染综合治理规划初稿，并通过专家论证。

专栏5：上海市举办稻田生态拦截技术现场会

2020年6月，上海市农业技术推广服务中心在奉贤区举办稻田生态拦截技术现场会，组织各涉农区土壤环境和农业环保推广人员，现场观摩稻田排水污染物快速拦截净化装置。该装置主要针对稻田插秧、强降雨、中期烤田、收割前等不定期排水时水量、水质不均衡的情况设计，具有占地面积小、施工简单、减少耕地占用和破坏、造价低、维护简单等特征，对稻田排水中的固体悬浮物、总氮和总磷的平均削减率分别达到50%、30%和30%以上。

稻田排水污染物快速拦截净化装置

稻田生态拦截技术观察现场会

专栏6：浙江省系统开展农田面源污染末端治理

　　浙江省充分利用排水沟渠、废弃鱼塘和断头浜等，全面建设具有"氮磷拦截、田园景观、生态修复、洁净排放"功能的农田生态拦截沟渠系统，盘活全省沟-渠-塘-河-湿水系，实现农田面源污染梯度净化、循环净化。截至2020年底，浙江省累计建成402条各具特色的生态拦截沟渠系统，检测对比生态沟渠进水口、出水口的水质，总氮、总磷分别平均下降20%和30%以上。按每条生态沟渠长1 000米、流域面积500亩计算，惠及面积达20多万亩，极大地推进了浙江省农田面源污染治理和农村人居环境改善，成为具有浙江辨识度的标志性工程。

桐乡市濮院镇红旗漾村农田生态拦截沟渠系统

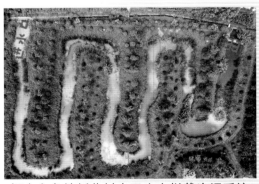

桐乡市乌镇新翁村农田生态拦截沟渠系统

台州市黄岩区宁溪镇农田生态拦截沟渠系统的生态湿地

台州市黄岩区宁溪镇农田生态拦截沟渠系统全景

农膜回收利用

推进农膜回收利用法治建设

2020年7月，农业农村部联合工业和信息化部、生态环境部、市场监管总局发布《农用薄膜管理办法》，要求农业农村部门定期开展农用薄膜残留监测，建立残留监测制度；市场监管部门定期开展质量监督检查，建立市场监管制度；对生产、销售不达标地膜的，以及未按规定回收的，按照相关法律严厉处罚；为实施农膜全程监管提供了坚实的法制保障。

《办法》出台后，农业农村部及时组织开展解读释义工作，先后在部网站、人民日报、中央政府网等主流媒体上开展了一系列宣传报道和解读，主动答疑解惑，回应社会关切，营造全社会积极关注、共同参与的良好氛围。

有关部门围绕农膜回收利用出台了一系列政策规定，国家发展改革委牵头出台《关于进一步加强塑料污染治理的意见》《关于扎实推进塑料污染治理工作的通知》，对农膜污染治理作出专门部署，包括严禁生产和销售厚度小于0.01毫米的聚乙烯农用地膜、健全回收利用体系、加强降解地膜示范推广等。中华全国供销合作总社印发了《供销合作社积极参与推进农膜污染治理工作方案》《坚决杜绝"两薄"塑料制品流通的通知》，要求供销合作社积极参与农膜治理工作，开展供销合作社农膜回收利用试点，坚决杜绝"两薄"塑料制品（厚度小于0.025毫米的超薄塑料购物袋和厚度小于0.01毫米的聚乙烯农用地膜）流通。

生态环境部、国家发展改革委组织开展塑料污染治理专项行动，将地膜列为监管重点，核实各地法规标准贯彻执行和废旧地膜回收情况，推动地方落实地膜污染治理主体责任。开展农膜农资打假专项治理行动，在春耕备耕关键时期，突出重点环节、紧盯关键领域，坚决打击非标地膜生产、销售，大力推广普及标准地膜。将农膜列入国务院农村人居环境大检查、美丽中国建设评估指标体系、农业农村部延伸绩效考核等，强化督导检查，推进各地各部门落实农膜回收责任。

广西壮族自治区农业农村厅联合工业和信息化厅、生态环境厅、市场监督管理局印发《广西农用薄膜管理办法》，明确各部门农用薄膜监督管理的职能分工，建立农膜生产、销售、使用、回收和再利用机制，健全农用薄膜监督管理体系。

继续实施农膜回收行动

2020年，农业农村部继续深入实施农膜回收行动，大力推进标准地膜应用、机械化捡拾、专业化回收、资源化利用，以西北地区为重点，扶持建设回收加工企业400余家、回收网点3 000余个，初步建立起政府扶持、市场主体的农膜回收加工体系。西北重点地区农膜回收率稳定在80%以上，全国农膜回收率达到80%。

新疆维吾尔自治区在玉米等作物上选用早熟品种，推广头水前揭膜技术，既有利于苗期作物发育、实现残膜全回收，又减少地膜覆盖面积、实现源头减量；在棉花上集成推广耐候型地膜机械化回收技术，有效提高回收率。

甘肃省研发推广河西灌区玉米耕种收全程机械化作业的地膜回收机械，推进一体化机械作业，减少劳力投入，逐步解决膜秆分离难的问题；试点建设地膜"零残留、全回收"示范样板，推广

"一膜多年用"技术，引导研发高强度加厚环保地膜，有效减少了地膜使用量。

重庆市充分发挥供销合作社农业生产资料供应和再生资源回收利用行业优势，整合资源、拓展功能，构建形成"村镇回收转运—区县集中分拣储运—区域性处理"的回收利用体系。

江苏省依托农业园区、"菜篮子"工程生产基地、家庭农场等规模基地，挖掘现有资源，全面推进村（镇）级、县级、市级三级回收利用网络建设。

专栏1：全国农膜使用量、覆盖面积年度变化

据《中国农村统计年鉴（2021）》，我国2020年农膜使用量达238.9万吨，较上年减少0.8%；其中，地膜使用量135.7万吨、较上年减少1.6%，地膜覆盖面积为2.6亿亩、较上年减少1.4%。新疆、山东、内蒙古、甘肃、云南、河南、四川、河北8个用膜大省的地膜覆盖面积合计1.7亿亩，比上年减少1.5%。2016—2020年全国地膜使用量、覆盖面积如下图所示。

2016—2020年全国地膜使用量、地膜覆盖面积变化

探索农膜回收技术模式与运行机制

2020年，农业农村部在内蒙古自治区五原县和开鲁县、甘肃省通渭县和高台县、新疆维吾尔自治区新和县和拜城县6个县，开展农膜回收区域补偿制度试点，将耕地地力补贴发放与农膜回收、保护耕地的责任相挂钩，引导农民自觉回收农膜、保护耕地质量，加快建立以绿色生态为导向的农膜回收利用长效机制。

甘肃省积极打造"谁生产、谁受益、谁回收"为核心的农膜回收责任制模式，将开展地膜回收作为企业参与政府招标采购地膜竞标的必要条件；指导招标县、区与中标企业签订协议，由企业按照供膜量足量回收相应废旧地膜。永昌县采用农户购买1公斤全生物可降解地膜、政府补助2公斤全生物可降解地膜的"买一补二"方式，与种植大户、合作社签订试验示范协议，2020年推广示范面积3 140亩。

新疆维吾尔自治区探索将农膜回收与农业灌溉用水配给相挂钩，通过县、乡、村逐级签订责任书，层层压实责任，初步建立了农膜回收的激励约束机制。

海南省探索建立"农户零散收集、乡镇集中储运、企业回收处置"的收储、运输、处理体系，支持海南天明农业环保科技有限公司等本地企业开展废旧农膜回收再利用，积极引导社会资本参与农膜回收利用工作，推进生态循环农业示范县建设。2020年，全省共回收废旧农膜6 511.2吨，农膜回收率为88.1%。

强化科技推广与监测评价

2020年，农业农村部在山东、甘肃、云南等地开展全生物降解地膜大田应用评估工作，制定相应技术规程，完善相关配套农艺措施，推进技术熟化落地。围绕全生物降解地膜替代技术推广应用，开展研讨交流和现场观摩。组织材料、化工、农学、环境等相关领域的专家，从农田适宜性、环境安全性、经济性等多个角度对全生物降解地膜进行全生命周期评价。

农业农村部生态总站继续开展农田地膜残留监测工作，在全国30个省开展500个农田地膜残留监测，选取5 000个农户或专业合作社开展地膜使用和回收情况调查统计，在甘肃、辽宁等地开展省域尺度农田地膜卫星遥感监测工作。印发《全国农田地膜残留监测方案》，规范统一了监测操作流程；开发地膜监测调查数据填报系统和App，实现了数据质量全程可追溯，提高了数据的科学性、有效性；编制形成了《2019年度全国农田地膜覆盖及残留情况监测报告》。

专栏2：农业农村部生态总站举办全生物降解地膜替代技术现场观摩交流会

2020年11月12日，农业农村部生态总站在江苏省宜兴市召开全生物降解地膜替代技术现场观摩交流会，李少华副站长出席会议并讲话。会议邀请专家围绕地膜减量替代技术进行了培训讲解，解读了国家有关文件和法律条例，安排云南、江苏、山东、河北等省交流了做法经验，还组织代表参加了现场观摩活动，来自全国有关省（直辖市、自治区）及计划单列市农业环保部门、项目实施县、科研院所及江苏省各级农技推广部门的专家和代表参加了会议。

全生物降解地膜替代技术现场观摩交流会

实地察看全生物降解地膜试验情况

专栏3：甘肃省开展全生物降解地膜应用示范

　　甘肃省在山丹县开展全生物降解地膜试验示范，采取"合作社＋基地＋农户"的模式，把招标采购的全生物降解地膜补贴给合作社，由合作社按种植规模形成种植基地，再由农户统一进行田间管理。2020年，示范面积达1 600亩，示范作物主要有马铃薯、甜菜、玉米等，同时开展了不同厂家、不同颜色、不同厚度的全生物降解地膜对比试验。

不同颜色可降解地膜对比试验

农产品产地环境管理

推进耕地土壤环境质量类别划分和安全利用

2020年，农业农村部按照《农用地土壤环境质量类别划分技术指南》的要求，联合生态环境部印发了《省级耕地土壤环境质量类别划分成果报送规范》，推动各省形成标准化、精准化、可视化的全国耕地土壤环境质量"一张图、一张表"。为指导各省做好2020年受污染耕地安全利用率核算工作，农业农村部联合生态环境部印发了《2020年省级受污染耕地安全利用率核算方法》，对受污染耕地安全利用率指标进行了解释，明确了核算方式和数据来源，指导各地做好年度受污染耕地安全利用率核算工作。对接全国31个省份，开展耕地土壤环境质量类别划分、受污染耕地安全利用和严格管控等硬任务的进展情况调度，督促各地耕地土壤污染防治工作落实落地。同时，组织对2019年度粮食安全省长责任制考核和污染防治攻坚战考核中涉及耕地土壤污染防治的分项进行了评估。

农业农村部联合生态环境部印发技术指导文件

广西壮族自治区农业农村厅与生态环境厅联合印发《广西2020年农用地土壤环境质量类别划分工作方案》，组织各市全面开展类别划分工作，通过项目委托、初步划分、现场踏勘核实汇总等工作流程，形成"自治区—市—县（市、区）"三级类别划分成果，最后报自治区人民政府审定。

上海市对于安全利用类地块，由各区农技中心结合当地主要作物品种、种植习惯，制订实施安全利用方案，采取施用改良剂、翻耕、种植绿肥等农艺调控及替代种植等措施，降低农产品超标风险；对于严格管控类地块，采取休耕或退出耕地用途、划为绿化林地等措施。

宁夏回族自治区制订《宁夏耕地土壤环境质量分类划分实施方案》，依托技术支撑单位，在整理分析耕地土壤重金属污染普查结果、土壤污染状况详查结果基础上，综合评估耕地土壤重金属风险管控单元环境污染程度，圆满完成22个县（市、区）耕地土壤环境质量类别划分工作。

专栏1：湖南省建立五大机制推进受污染耕地安全利用

1.工作调度机制 从5月起，将月报告调整为周报告；每月25日前，各市、州收集上报当地受污染耕地安全利用工作进展情况；省农业农村厅每月月初对上月工作情况进行通报。

2.专家指导机制 成立湖南省受污染耕地安全利用工作专家指导组，每个成员组建指导团队，对口指导所负责县（市、区）受污染耕地安全利用工作，每月向省农业农村厅书面反馈工作开展情况，以及对口指导县（市、区）工作推进中存在的问题。

3.调研督导机制 对受污染耕地安全利用工作任务在5万亩以上的县（市、区），每两个月调研督导一次，对其他有治理任务的市州每季度调研督导一次，调研督导组参与《湖南省受污染耕地安全利用工作资金奖补方案》的制订、年终考核评估等。

4.约谈预警机制 根据工作调度、专家反馈及调研督导掌握的情况，会同生态环境厅对工作推进不力的县（市、区）人民政府下发预警函或督办函；对有任务完不成风险的县（市、区），进行现场督办、挂牌督办或者约谈。

5.奖惩激励机制 奖补资金分两期拨付，第一期拨付总额的80%，剩余的20%部分按照年底任务量完成情况和考核结果进行拨付。对考核合格的县（市、区）足额拨付，对不合格的不予拨付，用于奖励受污染耕地安全利用工作突出的单位。

专栏2：江苏省开展受污染耕地安全利用工作巡查

江苏省组建由农业农村厅业务处室（单位）人员和省级指导专家共同组成的4个受污染耕地安全利用工作巡查指导组，每月会同各设区市，对53个重点县（市、区）受污染耕地安全利用工作开展巡查，并召开全省受污染耕地安全利用工作推进会，通报巡查督导情况及各地工作进展，对全省安全利用工作进行再动员、再部署、再推动，进一步压实工作责任，推进措施落实落地。

江苏省耕地安全利用工作督导会议

江苏省2020年中央土壤污染防治专项资金用于受污染耕地安全利用视频培训会

强化耕地重金属污染防治科技支撑

一、开展联合攻关

2020年，农业农村部生态总站印发了《关于做好2020年耕地重金属污染防治联合攻关相关工作的通知》《耕地污染治理修复重点产品（品种）2020年验证示范实施方案》《关于做好耕地重金属污染防治联合攻关检测工作的通知》等文件，强化联合攻关工作部署指导。编制了联合攻关总体方案，试验操作规范与评价方法，重点品种和产品筛选试验方案，检测实验室筛选要求，样品采集、样品制备、样品流转和样品检测技术规定等10项专题材料，推进联合攻关工作标准化。在全国组织布局建设了14个联合攻关基地，开展72个作物品种和71种治理修复产品的筛选验证试验，着力突破"区域要用、政府急用和农民能用"的技术瓶颈，"一域一策"探索受污染耕地安全利用精准解决方案。

耕地重金属污染防治联合攻关相关文件

耕地重金属污染防治联合攻关标准化材料

序号	材料名称
1	联合攻关总体方案
2	联合攻关基地品种和产品拟验证示范表
3	联合攻关基地清单
4	联合攻关基地手册
5	联合攻关基地试验操作规范与评价方法
6	联合攻关示范基地2020年度试验方案
7	联合攻关基地2020年度计划表
8	重点区域安全利用与严格管控实施框架方案
9	联合攻关示范基地运行管理办法
10	联合攻关检测实验室筛选要求

广西壮族自治区制订印发《广西农用地安全利用联合攻关方案（2020—2024年）》，将全区分为桂西、桂中、桂西南、桂东北、桂东南5个片区，组建起全国唯一的省级技术攻关团队，首创"内联外合、开门治污"联合攻关工作机制，按照"一区一策、分区施策"的工作方式，推进农用地安全利用联合攻关工作，总结集成广西农用地安全利用"GTP+"模式，为农用地安全利用工作提供强力的技术支撑。

专栏3：江西省农业农村厅与中国科学院南京土壤研究所签署合作框架协议

江西省农业农村厅与中国科学院南京土壤研究所签署了合作框架协议，加强轻中度镉污染耕地轻简化安全利用，进一步探索受污染耕地安全利用的先进技术模式，将全省受污染耕地安全利用工作推上新台阶。

江西省农业农村厅与中国科学院南京土壤研究所签署合作框架协议

二、制定技术规范

2020年，农业农村部编制印发了《特定农产品严格管控区划定技术导则（试行）》，明确了划分流程，针对关键问题，提出了科学规范、量化可行的管控区划分概念、标准、边界和措施。完成了《畜禽粪便安全还田施用量计算方法》行业标准审定，编制了《食用农产品产地重金属风险评估技术指南》《耕地土壤环境质量类别划分技术指南》行业标准草案，推动建立了受污染耕地"风险评估—类别划分—治理修复—效果评估—跟踪监测"全链条管控技术标准体系。

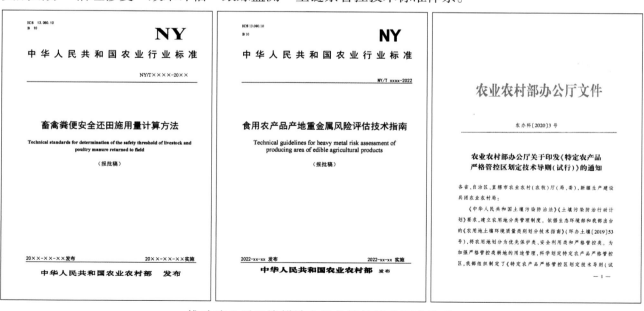

推动建立受污染耕地全链条管控技术标准体系

上海市农业技术推广服务中心拟定了《上海市集贸市场湿垃圾制作有机肥辅料技术要求（修改

稿)》《集贸市场湿垃圾堆肥工艺规程（修改稿）》，制定发布了适合餐厨湿垃圾资源化利用的地方标准《湿垃圾资源化利用技术要求　餐厨有机废弃物制备土壤调理剂》（DB31/T 1199—2019），为湿垃圾农用化、资源化利用提供了理论依据。

餐厨有机废弃物制备土壤调理剂地方标准

开展农产品产地环境监测

2020年，农业农村部按照农产品产地环境"实现县域全覆盖、耕地地力指标与环境质量指标全覆盖"要求，优化布设国控监测点9 922个，其中普通循环监测点6 922个，开展土壤重金属、基本理化性质及农产品质量协同监测，共17项指标；耕地地力监测点2 640个，在普通循环监测点基础上增测21项耕地地力指标；农药残留监测点360个，在耕地地力监测点基础上，分作物增测7～15项农药指标。更新了《土壤样品采集流转制备保存技术规定（2020版）》《农产品样品采集流转制备保存技术规定（2020版）》《土壤样品分析测试方法技术规定（2020版）》《农产品样品分析测试方法技术规定（2020版）》《全程质量控制技术规定（2020版）》等一系列规范文件。完善了监测信息系统、手机App和微信小程序等，支撑年度任务分发，保障监测工作流畅运转，实时调度进展信息，实现数据的直观展示。截至2020年底，产地环境工作的样品采集、制备和流转工作已全部完成，检测实验室已全面进入集中检测阶段。

江西省通过"野外调查、室内分析、技术筛选"的技术途径，以中轻度污染耕地土壤为主，以阻控重金属进入食物链为核心，研发形成了以土壤原位钝化、低积累水稻品种筛选、土壤调酸、水肥调控等技术为主的综合修复技术体系，并通过有效集成，构建了适合于Cd等重金属中轻度污染农田"边生产边修复"的农业综合修复模式，较好地解决了重金属污染区域农田土壤退化、农产品Cd超标的难题，实现了中轻度Cd污染农田的持续安全利用。2020年，完成了141万亩受污染耕地的安全利用，以及11.1万亩受污染耕地的严格管控技术推广。

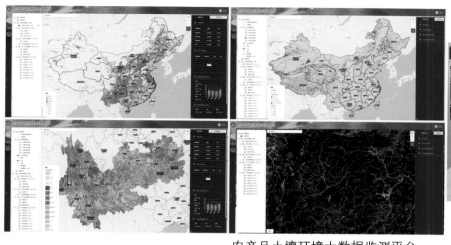

农产品土壤环境大数据监测平台

加强耕地土壤污染防治宣传培训

2020年，农业农村部生态总站组织相关专家在农民日报专版，通过"专家讲解6种农田安全利用技术模式""多技在手，防治不愁——有关耕地污染防治的问题解答"两个专题，开展土壤污染防治法宣贯工作。

开展土壤污染防治法宣贯工作

10月，农业农村部生态总站在广西南宁召开全国水稻产地可持续安全利用技术研讨会，邀请专家讲解水稻产地可持续安全利用技术集成与应用等技术，现场观摩水稻产地安全利用技术联合攻关示范基地。科技教育司李波副司长、农业农村部生态总站高尚宾副站长等领导，以及南方水稻产地重点省份农业生态环保（能源）站技术负责人和相关专家参加了会议。

与会代表观摩广西水稻产地安全利用技术联合攻关示范基地现场

江苏省根据疫情防控要求，采用网络会议、线上指导、文件印发等形式，为基层提供指导服务，先后举办4期线上技术培训会，邀请专家对受污染耕地安全利用工作计划、总体方案、技术指南、专项资金管理、自评估农产品监测技术方案等进行解读，交流各地工作经验，带动全省开展各类培训指导活动250余次，累积培训人员约3 500人次，有效推动受污染耕地安全利用任务全面完成。

专栏4：上海市开展耕地土壤污染防治培训宣传

3月，召开受污染耕地环境保护工作推进会议暨技术培训会，部署受污染耕地分类管理工作，对安全利用指南和台账建设等进行技术培训。5月，召开耕地污染防治和分类管理技术视频培训班，解读"三方案一指南"和耕地分类管理方案。7月，组织各区农业技术推广单位召开《中华人民共和国土壤污染防治法》宣贯会议，通过培训宣传，推动受污染耕地分类管理和安全利用工作有序开展。

指导农户施用钝化剂降低重金属活性

组织开展《土壤污染防治法》集中学习

农村可再生能源建设

农村可再生能源开发利用

一、农村沼气

截至2020年底，全国沼气用户3 007.71万户，比上年减少11%；各类沼气工程93 480处，比上年减少8.9%；沼气工程总池容2 179.35万立方米，供气户数170.1万户，发电装机容量35万千瓦时。户用沼气和沼气工程数量呈现逐年下降趋势。

2013—2020年全国农村沼气发展情况（年末累计）

年份	户用沼气（万户）	沼气工程（处）			
		合计	小型	中型	大型（含特大型）
2013	4 150.37	99 957	83 512	10 285	6 160
2014	4 183.12	103 036	86 236	10 087	6 713
2015	4 193.30	110 975	93 355	10 543	7 077
2016	4 161.14	113 440	95 185	10 734	7 523
2017	4 057.71	109 974	91 585	10 514	7 875
2018	3 907.67	108 059	89 761	10 332	7 966
2019	3 380.27	102 650	94 913		7 737
2020	3 007.71	93 481	86 086		7 395

专栏1：浙江省推进"三沼"综合利用

浙江省以农村沼气工程为纽带、以"三沼"综合利用为突破口，探索实施沼气替代液化石油气、沼液替代化肥等碳减排工程，以及化肥、农药减量工程，走出了一条农业废弃物能源化、清洁化、循环化、高效化的生态循环利用之路。对全省5 000多处存量农村沼气工程建档，制订针对性的个性化服务方案和技术措施，基本实现"一程一策"安全生产制度全覆盖，确保安全生产零事故。同时，大规模跟踪调查、监测沼液成分，评估沼液长期施用对土壤环境及农产品品质的影响。推进沼液科学施用体系建设，提高农村能源技术应用水平。

沼渣育苗

沼液肥水喷灌

| 沼气用于炊事 | 集中供气 |

二、生物质能

截至2020年底，全国建有秸秆热解气化工程183处，供气户数1.4万户；秸秆固化成型燃料生产厂2 664处，年产量达1 279.7万吨；秸秆炭化工程102处，年产量46.2万吨。2020年，秸秆打捆集中供暖工程238处，供暖户数10.6万户，供暖面积815万平方米。2020年，我国在黑龙江等地开展整村推进应用生物质清洁炉具试点。

2013—2020 年全国生物质能发展情况（年末累计）

年份	秸秆热解气化 集中供气（处）	秸秆沼气集中供气 （处）	秸秆固化成型 燃料生成厂（处）	秸秆炭化工程 （处）	秸秆打捆集中 供暖工程（处）
2013	906	434	1 060	105	—
2014	821	458	1 147	103	—
2015	795	458	1 190	106	—
2016	766	454	1 362	106	—
2017	674	431	1 616	105	—
2018	559	386	2 331	82	—
2019	376	-	2 360	91	178
2020	183	-	2 664	102	238

专栏2：甘肃省探索生物质水暖炉一体化清洁取暖典型模式

甘肃省依托农村人居环境整治技术服务与提升项目，积极开展生物质水暖炉一体化清洁取暖试点示范。针对农户独门独院、分散居住特点，以生物质成型燃料为主，通过高效、低排放生物质水暖炉具和恒温、节能水暖炕为农户供暖，辅以被动式太阳能暖廊、外墙屋顶门窗保温改造为增温手段，实现分散型农户冬季清洁取暖，冬季室内温度保持在18℃以上。此外，配以太阳灶、太阳能热水器解决洗浴和热水供应，形成绿色低碳的"户用生物质水暖炉具＋恒温节能水暖炕＋秸秆成型燃料＋被动式太阳能暖廊＋太阳能热水器＋太阳灶"冬季清洁取暖兼顾炊事、洗浴集成模式，提升了农户冬季取暖的洁净性、便捷性、经济性、舒适性、安全性。

农村人居环境整治技术服务与提升项目示范点——甘肃省高台县南岔村

三、太阳能

截至2020年底，我国建有太阳房228 134处、1 822.3万平方米；太阳能热水器4 673.34万台、8 420.75万平方米；太阳灶1 706 244台。

2013—2020年全国太阳能开发利用情况（年末累计）

年份	太阳房		太阳灶	太阳能热水器	
	数量（处）	面积（万平方米）	数量（台）	数量（万台）	面积（万平方米）
2013	269 304	2 445.55	2 264 356	4 099.65	7 294.57
2014	286 744	2 527.59	2 299 635	4 345.71	7 782.85
2015	290 448	2 549.37	2 327 106	4 571.24	8 232.98
2016	292 676	2 564.6	2 279 387	4 770.84	8 623.69
2017	291 144	2 540.98	2 222 666	4 792.64	8 723.50
2018	291 848	2 529.76	2 135 756	4 835.56	8 805.43
2019	256 933	2 529.76	2 135 756	4 835.56	8 805.43
2020	228 134	1 822.30	1 706 244	4 676.34	8 420.75

加强农村可再生能源建设

一、推进农村可再生能源示范村建设

2020年，农业农村部生态总站继续依托农村人居环境整治技术服务与提升自由履职项目，在辽宁、江苏、湖北、海南、四川、甘肃等14个省遴选了24个村开展人居环境整治提升试点示范。其中，秸秆打捆直燃清洁取暖模式3个，低碳村镇绿色燃气分布式供应模式1个，低碳宜居村级沼气集中供气模式6个，利用大型沼气工程为农户集中供气模式2个，炉灶炕一体化清洁取暖模式3个，"沼改厕"＋生活污水沼气净化模式9个。组织编制了24个示范村项目实施方案，明确建设内容和技术路

径，加强项目建设指导服务。举办了农村人居环境整治项目技术总结交流会。重点打造了辽宁三江村、江苏马庄村和湖北松滋村3个典型样板。凝练形成了秸秆打捆直燃集中供热模式等7种适合不同地区、不同需求的技术模式。

2019—2020年，农业农村部生态总站在全国18个省份5大区域打造了54个示范村。通过项目实施，发挥了以点带面的示范带动效应。云南省安排省级财政资金，每年拿出4 800万元，选择60个县利用农村能源技术建设人居环境整治示范村60个，对当地户用沼气池，沼气管道、沼气灶具及其他设施，太阳能路灯、太阳能热水器和污水沼气净化池等进行维修维护、改造提升，有效提升了清洁炊事和清洁取暖比重，解决了污水乱流造成的村庄环境脏乱差问题。广西壮族自治区利用中央财政奖补资金408万元，自治区财政新增投入400多万元，在13个县（市、区）34个村开展农村厕所粪污和畜禽养殖废弃物一并处理并资源化利用试点建设，建设内容包括农村生活污水与畜禽粪污协同处理、沼气管网提升改造和厕所畜禽粪污资源化利用，探索推广农村"沼改厕"典型模式，取得了良好的生态效益、社会效益和经济效益。黑龙江省政府对秸秆打捆直燃集中供暖按照每蒸吨给予5万元的定额补贴。江苏省徐州市睢宁县将农村沼气作为建设"无废城市"的重要举措，整县推进规模化沼气建设，累计争取上级补助2 900万元，地方配套9 000万元，撬动社会资本6 000万元，用于推进沼气循环产业发展。

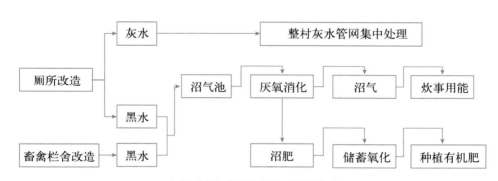

广西农村"沼改厕"典型模式

二、推进农村沼气转型升级

2020年，农业农村部适应农业生产方式、农村居住方式、农民用能方式变化对农村沼气发展的新要求，继续推动农村沼气工程向规模发展、综合利用、科学管理、效益拉动的方向转型升级。探索出沼气集中供气、生物天然气分布式门站、撬装供气等运营机制模式，不仅拓宽了农村地区清洁能源供给渠道，同时也推动了畜禽粪污、秸秆等农业废弃物资源化利用。截至2020年底，全国有大型沼气和生物天然气工程7 395处，年产沼气14.13亿立方米，年处理畜禽粪污、秸秆量近2亿吨。

三、强化行业标准体系建设

2020年，农业农村部生态总站围绕沼气转型升级和自有履职项目建设内容，完成了《生物天然气工程技术规范》的审定、报批工作，新申请立项《秸秆打捆直燃取暖工程技术规范》《农村沼气安全处置技术规程》2项行业标准，对《沼肥肥效评估》《沼气火炬》《农业沼肥》3项国家标准进行公开投票、征求意见、审查和报批工作。同时，指导中国农村能源行业协会做好农村清洁取暖相关标准的制修订，新颁布了《清洁采暖炉具技术条件》《小型生物质锅炉技术条件》《太阳能热利用系统采购技术规范》等16项清洁能源利用相关标准，为生产、检测、质量控制及使用清洁采暖炉具和小型生物质锅炉提供了技术依据，促进生产企业的规模化、规范化、标准化和科学化建设。其中，《清洁采暖炉具技术条件》首次对户用采暖炉具的排放标准进行了规定，填补了相关领域空白。

云南省编制了《云南省农村户用沼气池兴废利旧安全处置技术指南》，指导全省农村户用沼气设施开展改厕、改水窖、改化粪池、改污水池、安全填埋、修复升级等工作。

开展行业技术交流与培训

2020年，农业农村部充分利用相关网站、微信公众号、广播电视等新闻媒体，发布宣传视频、开展专题报道等，多渠道宣传农村能源发展，制作了2期农村可再生能源宣传视频、5期农村可再生能源利用广播节目；同时，制作了《农村安全取暖大喇叭》短视频、公益宣传海报等，并通过行业媒体、地方电视台等渠道广泛传播，召开了"2020中国农村清洁取暖高峰论坛暨第二届清洁取暖区域产业发展县长论坛媒体吹风会"；征集、遴选了5项农村可再生能源利用技术典型模式；11月，在山西省长治市组织召开农村能源工作座谈会和农村可再生能源利用技术培训班，组织各省体系开展经验交流和研究探讨。

11月20—21日，甘肃省在兰州市举办全省农村清洁炉具技术提升座谈会暨农村清洁炉具现场观摩会，邀请专家就清洁炉具技术标准及行业现状、清洁炉具实用技术等内容进行专题讲解，邀请省内外12家清洁炉具产品生产企业参展，推介了农村冬季清洁取暖新技术、新产品，各级农村能源部门和企业代表等近200人参加了会议。

甘肃省农村清洁炉具技术提升座谈会　　甘肃省与会代表现场观摩清洁炉具

8—9月，云南省在蒙自市、香格里拉市、镇雄县举办了3期云南省农村能源沼气工程安全生产及户用沼气安全处置培训班，结合农村人居环境整治及"厕所革命"，通过户用沼气池兴废利旧安全处置现场示范、大中型沼气工程设施现场安全演练，提高了参训人员户用沼气池兴废利旧安全处置能力。

云南省农村能源沼气工程安全生产及户用沼气
安全处置（滇南片区）培训班

沼气池改厕所现场观摩

专栏3：云南省实施农村能源低碳建设示范乡村试点项目

2020年，云南省在腾冲市蒲川乡下甲村弯岗社，组织实施了农村能源低碳建设示范乡村试点项目，总投资93.87万元，以低碳理念为特征，以村镇低碳发展为核心，以低碳能源为切入点，安装太阳能路灯、太阳能热水器、高效节能炉灶，促进示范村村庄亮化、生活污水集中收集与循环回收利用、设施洗浴清洁化和生活用能节能减排，项目惠及61户228人。

腾冲市蒲川乡下甲村弯岗社太阳能路灯

生态循环农业

生态循环农业发展政策

2020年，农业农村部继续推进生态循环农业建设。《2020年农业农村科教环能工作要点》提出，要"打造智慧农场、生态循环农场等展示样板"。《2020年农业农村绿色发展工作要点》提出，要"优化种养业结构，促进地力培肥和种养循环发展""稳步发展稻渔综合种养，大力发展大水面生态渔业"。《2020年种植业工作要点》提出，要稳步推进耕地轮作休耕试点，实施轮作休耕试点面积3 000万亩以上，以轮作为主、休耕为辅，扩大轮作、减少休耕。

国家发展改革委发布《产业结构调整指导目录（2019年本）》，于2020年1月1日起施行，将生态农业建设、乡村生态旅游、生态种（养）技术开发与应用、生态保护和修复工程等8类列为鼓励类农林产业，将超过生态承载力的旅游活动、药材等林产品采集、种植前溴甲烷土壤熏蒸工艺等列为淘汰类产业，细化了生态循环农业的业态类型。

广西壮族自治区印发《2020年西江水系"一干七支"等重点江河流域沿岸生态农业产业带建设项目实施方案的通知》，以西江水系"一干七支"、南流江、九洲江等重点江河流域的14个县（市、区）为重点，集成推广生态循环农业模式和农业清洁生产技术，创建生态农产品品牌，开展生态农场（基地）认定，打造形成生态农业产业带。截至2020年底，累计建成自治区级生态农业核心示范基地91个、县级示范基地237个，累计推广生态循环农业模式和农业清洁生产技术90多万公顷，总结提炼各地技术模式35项。

生态循环农业试验示范

2020年7月，农业农村部发布了生态农场的第一个行业标准——《生态农场评价技术规范》（NY/T 3667—2020），明确了生态农场的概念、基本要求、环境要求、种养要求、包装要求、过程记录、评价方法及分级等内容，于11月1日起正式实施。

《生态农场评价技术规范》 农业农村部生态总站高尚宾副站长指导广西生态农场创建工作

11月，农业农村部公布了第一批16个国家农业绿色发展长期固定观测试验站。观测站主要依托国家农业绿色发展先行区试点县，集中连片开展绿色种养技术应用试验，总结不同生态类型、不同作物品种的农业绿色发展典型模式。

第一批国家农业绿色发展长期固定观测试验站名单

1.国家农业绿色发展长期固定观测曲周试验站	9.国家农业绿色发展长期固定观测寿阳试验站
2.国家农业绿色发展长期固定观测杭锦后试验站	10.国家农业绿色发展长期固定观测商丘试验站
3.国家农业绿色发展长期固定观测崇明试验站	11.国家农业绿色发展长期固定观测武汉试验站
4.国家农业绿色发展长期固定观测颍上试验站	12.国家农业绿色发展长期固定观测祁阳试验站
5.国家农业绿色发展长期固定观测丰城试验站	13.国家农业绿色发展长期固定观测湛江试验站
6.国家农业绿色发展长期固定观测齐河试验站	14.国家农业绿色发展长期固定观测桂林试验站
7.国家农业绿色发展长期固定观测昌平试验站	15.国家农业绿色发展长期固定观测儋州试验站
8.国家农业绿色发展长期固定观测呼伦贝尔试验站	16.国家农业绿色发展长期固定观测双流试验站

农业农村部生态总站依托13处现代生态农业示范基地，持续开展现代生态农业技术模式研发、集成和示范推广，打造可看可学样本，扩大区域生态循环农业推广应用范围。

现代生态农业示范基地一览表

序号	区域生态农业建设模式	示范基地名称	面积（亩）	所在位置
1	节水环保型生态农业模式	甘肃金川现代生态农业基地	22 800	甘肃省金昌市金川区双湾镇古城村
		内蒙古乌兰察布现代生态农业基地	7 000	内蒙古自治区乌兰察布市察右前旗巴音镇老泉村
2	黄土高原特色林果清洁生产生态农业模式	山西吉县现代生态农业基地	5 000	山西省临汾市吉县东城乡
		陕西省延川县现代生态农业示范基地	2 000	陕西省延安市延川县文安驿镇梁家河村
3	西南生态脆弱区生态保育型生态农业模式	贵州花溪现代生态农业基地	1 500	贵州省贵阳市花溪区久安乡
4	南方水网区水资源循环利用型生态农业模式	湖北鄂州现代生态农业基地	11 000	湖北省鄂州市峒山村
		江苏宜兴现代生态农业基地	2 000	江苏省宜兴市万石镇南漕村
		安徽桐城现代生态农业基地	2 000	安徽省桐城市孔城镇南口村
5	北方集约化农区清洁生产型生态农业模式	辽宁沈阳现代生态农业基地	2 300	辽宁省沈阳市辽中区社甲村
		河南安阳现代生态农业基地	50 000	河南省安阳市安阳县永和镇
		山东齐河现代生态农业基地	800 000	山东省德州市齐河县焦庙镇
6	城郊型多功能生态农业模式	重庆巴南现代生态农业基地	10 500	重庆市巴南区二圣镇集体村
		浙江宁波现代生态农业基地	1 030	浙江省宁波市海曙区章水镇郑家村乡下水稻营
合计		13处	917 130	

国家发展改革委依托福建省、江西省、贵州省和海南省国家生态文明试验区建设，围绕生活垃圾分类与治理、农村人居环境整治、绿色循环低碳发展、生态补偿等14个方面，总结凝练了90项改

革举措和经验做法，其中生态循环农业典型案例有9项。

国家生态文明试验区生态循环农业领域改革举措和经验做法推广清单

序号	名称	具体内容	来源
1	"绿盈乡村"建设模式	出台省级乡村生态振兴专项规划，建设具有绿化、绿韵、绿态、绿魂的"绿盈乡村"。编制农村生活污水治理规划，逐村细化技术路线，发布排放标准，建立长效运维机制。一村一档，形成问题总台账，依托生态环境大数据平台，定期跟踪评估，及时掌握村庄及周边生态环境动态信息，实现科学指导、分类施策、精准治理	福建省
2	水土流失治理"长汀模式"	长汀县成立国有专业生态治理公司，实行水土流失治理资金"大专项+任务清单"管理模式，实现项目统一管理、设计、施工。针对不同流失类型采取不同治理措施，对抵御自然灾害能力较弱的林地，进行树种结构调整和补植修复，营造乡土阔叶树种，开展马尾松林森林质量精准提升工程抚育改造试点工作；对果园，按照"山顶戴帽、山脚穿鞋、中间系带"的思路恢复地带性植被；开展"春节回家种棵树""互联网+全民义务植树"等活动。打造水土流失重点区治理、迹地更新治理、土壤改良、森林质量提升、废弃矿山治理、果茶园治理等示范点	福建省
3	山地丘陵地区山水林田湖草系统保护修复模式	科学规划设计，同步实施"流域水环境保护与整治""矿山环境修复""水土流失治理""生态系统与生物多样性保护""土地整治与土壤改良"系统治理五大工程。创新生态修复模式，实施"山上山下、地上地下、流域上下游"同时治理，"上拦、下堵、中间削、内外绿化"全方位蓄水保土，生态化疏河理水、多元化治污洁水。在治理后的废弃矿区种植经济林果、发展生态旅游，实现变废为宝，助力乡村脱贫与振兴发展	江西省
4	绿色发展"靖安模式"	一产利用生态、二产服从生态、三产保护生态。做优生态精品农业，建设从田间到餐桌全过程溯源系统，打造绿色食品、有机农产品和地理标志农产品品牌，深入推进农村综合改革，成立15个村级集体股份经济合作社、51个村级集体经济合作社。发展绿色低碳产业，编制绿色低碳工业发展规划，形成绿色照明、硬质合金、清洁能源等为主的产业格局。打造全域景区，完善旅游集散中心、游客服务中心、休闲服务节点等基础设施，大力发展健康养生和户外运动产业，形成"有一种生活叫靖安"特色名片	江西省
5	深远海区生态养殖模式	连江县推行深远海机械化、智能化养殖和"网箱+海藻"生态化养殖模式，推动海洋养殖从近海区域向深远海区域转移。通过海底人工鱼礁投放、海面海藻养殖与网箱养殖共存，形成立体生态养殖环境。引进社会资本打造深远海养殖平台，引导企业与海域周边的村委会合作经营，由村委会负责将养殖平台出租给渔民进行养殖生产，构建企业、集体、渔民三方有机融合、利益共享的发展机制	福建省
6	生态农业融合发展机制	崇义县建立三产融合示范园、三产融合服务站、农企利益联结服务点、电商营销平台，开展院企合作，建成刺葡萄、南酸枣、高山茶等院士（专家）工作站、农业技术联盟。大力推广"龙头企业+基地+个体"合作模式，开发"云上崇义"App，建设智慧物流产业园区，增强产业融合发展动能	江西省
7	区域沼气生态循环农业发展模式	新余市推进第三方专业化处理，强化养殖企业、废弃物处理中心、农村合作社和农户的合作关系，建设农业废弃物集中全量规模化沼气处理工程，实现沼肥全量储存，建立沼气集中供气、沼气全量发电上网系统。坚持农牧结合，因地制宜推广第三方集中处理、区域性循环农业等模式，加快推进粪肥还田，推动养殖和种植各产业链的无缝衔接，促进种植、养殖、加工三位一体发展	江西省
8	利用废弃矿山发展生态循环农业	定南县在废弃矿山实验种植皇竹草，在固土、改良、循环利用的同时，实现矿山复绿复种，并为草食畜牧业发展提供饲料。通过搭建智慧农业平台，建立养殖业粪污收集处理中心和科研中心，建设能源生态农场基地、科普试验基地和果蔬生态农场基地。以养殖业粪污收集中心沼气发电站和有机肥厂，链接上游多家养殖企业和下游多家种植企业，形成区域生态循环农业模式	江西省
9	生态产业发展机制	赤水市大力发展生态产业，采用"龙头企业+合作社+农户"模式发展竹加工产业，形成集生产、加工、销售、配套为一体的全产业链条。采用"平台公司+专业公司+村集体+农户"模式发展金钗石斛产业，有效破解资金、管理等难题，促进农民就业。采取龙头企业引导模式发展特色食品产业，吸引上下游企业集聚，实现全产业链发展。依托丹霞地貌、瀑布、森林、河流、特色文化等独特优势，大力发展康养旅游，打造观光、休闲、避暑、文化等旅游精品	贵州省

专栏1：海南省三亚万保生态循环农业产业园区模式

　　三亚市万保农牧集团有限公司建成年出栏10万头生猪规模养殖场和3 000立方米大型沼气工程，年产8万吨有机肥。2017—2020年，按照区域生态大循环的方式，推广"猪粪收集→沼气发电→固液分离→发酵（固液分离）→固体则二次发酵形成固体有机肥、液体形成液体有机肥→包装销售→种植业利用，秸秆→青贮饲料→养殖业，秸秆→沼气→沼肥还田"模式，促进了农业废弃物资源化综合利用和生态循环农业发展。

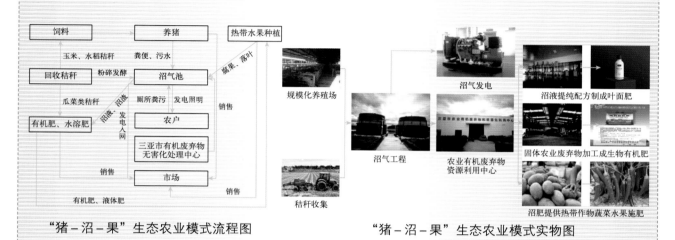

"猪-沼-果"生态农业模式流程图　　　　　　"猪-沼-果"生态农业模式实物图

生态循环农业培训宣传

　　2020年12月，农业农村部生态总站联合中国农业生态环境保护协会、江苏省耕地质量与农业环境保护站在江苏省南京市举办生态循环农业发展经验研讨会，提出以《生态农场评价技术规范》为标准，在长三角和其他重点区域率先开展生态农场评价试点工作，培育一批现代高效生态农业产业主体，探索一批生态循环农业建设技术模式，构建一套绿色生态导向的生态农业补贴制度，引领全国生态农业发展。农业农村部科技教育司李波副司长参加研讨。

生态循环农业发展经验研讨会

11月，中、法两国在北京举办"中法环境月网络研讨会"，会议以"生态农业转型——生物多样性的优势"为主题，围绕两国生态农业与生物多样性保护、农业环境和气候项目、土壤增碳、生态农业专业人才培养等进行了沟通交流。农业农村部生态总站高尚宾副站长出席会议并作主题发言，法国驻华使馆参赞、欧盟农业和农村发展总局、法国农业和食品部等单位领导及代表60多人参加会议。

农业农村部生态总站高尚宾副站长参加中法环境月网络研讨会

专栏2：甘肃省举办农业生产废弃物高效处理及循环利用技术论坛

8月11日，甘肃省农业农村厅、兰州理工大学、西北民族大学在兰州市举办"2020年中国·兰州农业生产废弃物高效处理及循环利用技术论坛"，围绕尾菜填埋资源化利用、农废规模化处理及循环利用、尾菜资源化利用技术创新和产业化应用等内容，开展交流研讨；农业农村部生态总站高尚宾副站长作主旨报告；甘肃省政府、省农业农村厅、省内重点科研院所、高等院校及各市州农业农村部门、农业环保企业代表等150多人参加论坛。

农业生产废弃物高效处理及循环利用技术论坛

秸秆综合利用

秸秆综合利用政策制度

一、创设秸秆综合利用政策制度

2020年，农业农村部将秸秆利用区域性补偿制度创设作为重点工作，在黑龙江省2个试点县的基础上，扩展到1省6县，即黑龙江全省、吉林梨树、辽宁建平、内蒙古莫力达瓦旗、山西太谷、广西宾阳和湖南湘潭，均自愿参加、主动实施。黑龙江全省、内蒙古莫力达瓦旗、吉林梨树等地推进耕地地力补贴与秸秆利用挂钩机制，建立秸秆还田离田补偿环节、补偿标准和考核办法，构建制度化推进秸秆综合利用的长效机制。

各地不断加大配套优惠政策的创设力度，为秸秆综合利用持续释放政策红利。黑龙江省在耕地地力保护补贴中统筹28亿元，整省推进补贴挂钩政策，还围绕秸秆还田、秸秆离田和能力建设制定了6项16条具体政策措施。广西壮族自治区宾阳县实现"真罚真扣"，2020年共查处违法焚烧秸秆案件1 510起，取消耕地地力保护补贴236户共计10.26万元。北京市对开展保护性耕作作业的主体给予每亩35元的补贴，并在中央补贴品目基础上，增加秸秆气化等农业废弃物处理设备和有机肥加工设备等北京市购置补贴品目。辽宁省将秸秆初加工用电纳入农用电价格范围，降低企业生产成本；将秸秆储存用地纳入农用地管理，解决用地难问题；将符合条件的秸秆机械化还田机具和畜牧机械纳入农机补贴范围，做到应补尽补。安徽省印发《安徽省农作物秸秆综合利用奖补资金管理办法》，对秸秆综合利用市场主体进行奖补，着力提高资金使用效益。宁夏回族自治区对收储秸秆100吨以上的新型农业经营主体和种养户，每吨予以100元补助。

二、继续推进秸秆资源台账制度建设

2020年，农业农村部按照秸秆综合利用台账建设要求，衔接全国第二次污染源普查内容，更新了农作物的区域草谷比系数和可收集系数，在全国以县为单元开展秸秆产生量、利用量监测调查工作，加快建设国家、省、市、县4级秸秆资源台账，为各省、各重点县实施方案制订、秸秆综合利用产业发展提供基础数据支撑。各地完成了2019年度台账填报，涉及全国2 900多个县级单位、33万户农户、2.9万家市场主体，台账工作得到了财政部和审计署的充分认可。

秸秆综合利用重点县建设

2020年，农业农村部继续在全国31个省（直辖市、自治区）开展秸秆综合利用重点县建设，加快推动形成布局合理、多元利用的产业化发展格局。依托中央财政资金27亿元，建设了351个秸秆综合利用重点县，打造了21个全域全量利用的典型样板，培育了一批专业化经营主体和社会化服务组织，带动秸秆综合利用水平稳步提升。

农业农村部科技教育司牵头，农业农村部生态总站、规划设计研究院、中国农业科学院重点参与，组建秸秆综合利用工作专班，主要工作包括全面建设秸秆综合利用重点县、打造全量利用典型样板、深入推进秸秆利用补偿制度创设、建设年度秸秆资源台账等。

各地不断创新工作方法，找准切实有效的工作抓手，推动秸秆综合利用由部门行为上升为政府行为。黑龙江省建立由分管副省长任总召集人的秸秆综合利用联席会议制度，继续将秸秆综合利用纳入对13个市（地）的目标责任考核体系。福建省将秸秆综合利用工作列为农村人居环境整治、农

秸秆综合利用专班工作会议

业农村污染治理攻坚战的重要工作来抓。山东省在农村人居环境整治三年行动、"生态山东"建设等重大行动中，都把秸秆综合利用作为重点内容统筹推动，把秸秆综合利用率作为重要指标进行考核。河南省成立了秸秆综合利用项目工作领导小组，采用省、市、县、乡、村五级责任体系和四级"蓝天卫士"监控机制。

在中央财政资金带动和各地大力推进下，秸秆综合利用能力不断增强，秸秆还田能力稳步提升。各重点县秸秆还田主体达到58万个，秸秆还田机械达到57万多台套，秸秆还田面积近2亿亩，在耕地保育方面发挥了重要作用。秸秆收储能力稳步提升。各重点县秸秆收储主体达到1.9万个，秸秆打捆机数量近4万台，秸秆收储能力达到4 900多万吨，为秸秆加工利用产业提供了稳定原料。秸秆利用能力稳步提升。各重点县秸秆利用主体数量近2万个，利用能力达到3 500多万吨，有效带动当地秸秆综合利用产业快速发展。秸秆利用资金带动作用逐渐增强。在中央财政资金的带动下，各试点县争取省级财政配套资金约21亿元、市县级财政配套资金约4亿元，受益农户近700万户，受益主体2.56万个。

专栏1：浙江省因地制宜抓好秸秆综合利用

浙江省以建立秸秆资源台账制度和创建全国秸秆全量化利用试点县为抓手，一手抓数据赋能，加强秸秆数据库建设，实时对农作物秸秆产生与利用情况进行分析，掌握秸秆综合利用动态；一手抓秸秆资源化利用七大主推技术攻关，不断调优综合利用结构，全国秸秆全量化利用试点县创建已达8个。2020年，浙江省农作物秸秆综合利用率达96%，处于全国领先水平。

秸秆收集打捆

秸秆制作有机肥

秸秆制作育秧基质

秸秆用于培养菌菇

专栏2：江西省构建县域农作物秸秆全量化利用制度

　　江西省把农作物秸秆综合利用和禁烧作为促进绿色生态江西和国家生态文明试验区建设的主要抓手，建立了县域农作物秸秆全量化利用政府引导机制、市场调配机制、政策补偿机制；建立了县域农作物秸秆高质量还田、秸秆离田多元高值产业等全量化利用产业体系；形成了县域农作物秸秆全量化利用技术专家库、产业创新联盟支撑团队、技术和产业模式示范基地、利用效果监测点，以及宣传引导及环保倒逼机制；建立了农作物秸秆资源台账制度、农作物秸秆调查及定位监测制度、秸秆综合利用绩效考核评估制度；形成了秸秆收储经纪人、专业化秸秆收储运企业、村级集体收储等七大秸秆收储模式；打造了32种具有独具地域特色、产业类型的秸秆综合利用新技术、新产品、新业态示范样板；创立了"高安秸秆""长盛纤维"等秸秆利用产品品牌，走出了具有"江西特色"的秸秆综合利用新路子。

秸秆综合利用技术模式

　　2020年，农业农村部不断加强秸秆利用技术支撑。组织部规划设计研究院、南京农业大学、西北农林科技大学、河南农业大学、四川农业大学5家单位，分别围绕东北地区、长江中下游地区、西北地区、黄淮海地区、西南地区，开展秸秆草谷比和可收集系数的原位监测，进一步提升秸秆产生量、利用量监测调查的标准化规范化水平。组织相关单位开展常态化监测在东北、黄淮海、长江中下游地区设置了秸秆还田效果监测点。牵头组织的"秸秆炭基肥料利用增效技术"被部里列为2020年十大引领性技术。组织现代农业产业技术体系、东北秸秆创新联盟及各省科研院所等单位的专家，组建了秸秆综合利用工作推进专家组，集中优势科研力量，围绕秸秆还田、清洁供暖、热解气化等重点领域和关键环节开展技术指导，强化专家智力支撑的覆盖范围，不断提高各地秸秆综合利用的科学水平。推动技术熟化，以东北地区玉米秸秆、华北地区小麦秸秆、南方地区水稻和油菜秸秆、新疆棉花秸秆等为重点，针对秸秆还田区域性问题，组织专家开展联合研究，加快编制秸秆还田技术指南，解决生产过程中出现的实际问题。

各地也切实加大研发和推广力度，打通技术落地的"最后一公里"。天津市总结提炼了《天津市农作物秸秆综合利用主推技术》，大力推行机械化秸秆粉碎还田技术和保护性耕作技术。河北省在重点研发计划农业高质量发展关键共性技术攻关专项中，设立农作物秸秆综合利用相关主题，在秸秆集中还田、高效降解、生物有机肥、生物质能源利用等方面开展技术研究。山西省将秸秆生物质冶炼等4个专项列入2021年农业农村行业"六新"项目给予支持，项目总投资约2.3亿元，每个项目拟扶持资金300万~400万元。福建省组织编印了《农作物秸秆综合利用典型模式选编》，并连续三年将农作物秸秆综合利用技术列入福建省农业主推技术。重庆市印发《关于推广农作物秸秆综合利用技术的通知》，加强全市秸秆综合利用技术模式推广。新疆维吾尔自治区编制《新疆棉花秸秆肥料化利用技术规程》《新疆玉米秸秆饲料化利用技术规程》等。辽宁省继续推广秸秆打捆直燃集中供暖技术，积极探索北方地区冬季清洁取暖有效路径。

专栏3：湖南省探索推广秸秆产业化利用模式

1.湖南特沃斯生态科技股份有限公司的"一级就地减量化+二次深加工"的秸秆肥料化利用模式 农户在庄稼收割后，直接将稻草打捆，由村级收储点将稻草运回，存放在堆场，并应用分子气流膜在一级发酵厂基地对秸秆进行堆肥静态一次发酵，发酵完成后转运至生态肥料生产基地，再通过添加发酵茶粕、生物刺激素等活性功能物质进行深加工，最终制成功能性生物有机类肥料产品。

2.华容县润鼎红松菌农民专业合作社的秸秆基料栽培红松菌模式 将玉米秆、玉米芯和大豆秆粉碎后，与谷壳、木屑等均匀拌和，加入石灰充分拌湿拌匀，堆至1.3米高左右，充分发酵，培养料运至翻耕并消杀后的林地，根据地形整理成厢，料厢高度20厘米左右并适当压紧，在种下红松菌种后，用培养料覆盖，最后覆土。

3.湖南阳东生物洁能科技有限公司的秸秆生物质气化和有机肥生产耦合技术 秸秆破碎后，输送到高效热解生物质气化炉的料仓，稻壳直接进料仓，混合原料在气化炉中气化生成燃气，经淋洗除尘等工序净化后，加压到2 000~4 000帕经管道直接送入工业窑炉烧结陶瓷，净化过程中的冷凝液与禽畜粪便、秸秆等原料混合后，经高温发酵做成有机肥，灰渣做成保温砖或土壤调理剂，推动生物质气化和有机肥生产技术相结合。

秸秆肥料化利用模式　　　　　　　　　　　秸秆基料栽培红松菌模式

秸秆生物质气化和有机肥生产耦合技术

专栏4：甘肃省发布秸秆综合利用五项主推技术

1.秸秆"三元双向循环利用"技术　使用玉米秸秆与一定比例的畜粪、棉籽壳等混合制作食用菌基料，再将培育后的废菌渣添加酵素菌和其他辅料制成牛羊饲料；或将废菌渣添加一定比例畜粪后用于土壤改良、制作有机肥和果蔬无土栽培基质进行作物种植，实现作物种植、食用菌栽培、牛羊养殖的"三元双向"循环利用。

2.秸秆"分级全量化"利用技术　将收储的秸秆按照品质进行分级，优质秸秆用于加工生产颗粒饲料和青贮、黄贮，中等秸秆与畜禽粪便混合加工生产有机肥，劣质秸秆通过发酵生产沼气或制作生物质成型燃料，逐级将秸秆"吃干榨尽、全量利用"。

3.秸秆"炭-气-肥联产增效+集中供气"利用技术　将秸秆和林业废弃物进行收集、粉碎、致密成型、热解（干馏）气化，产出的生物质炭装箱，出售用于烧烤等燃料；生物燃气经过净化、冷却、除尘、脱焦、过滤和碱洗除酸后，送入储气罐，并经燃气输配系统输送用户使用；同时，将二级冷却、分离器分离出的木焦油、木醋液净化后装桶出售；产生的废弃生物质炭用于生产炭基肥，供周边设施蔬菜种植，实现资源全量化利用。

4.秸秆"燃料化+肥料化"利用技术 利用各类沼气工程，以"秸秆+干清粪"（干式发酵）、"秸秆+水泡粪+尾菜+餐厨垃圾"（湿式发酵）两种模式为主要处理方式。通过厌氧发酵产生沼气实现秸秆燃料化利用；固液分离产生的沼渣生产有机肥、沼液生产沼液肥，实现秸秆肥料化利用。

5.秸秆"青黄贮饲料化"利用技术 将青绿/干秸秆置于密封的青贮窖、青贮池或田间裹包，通过调节水分含量、添加菌剂，在厌氧环境下进行以乳酸菌为主导的发酵过程，导致酸度下降抑制微生物的存活，使秸秆饲料得以长期保存。

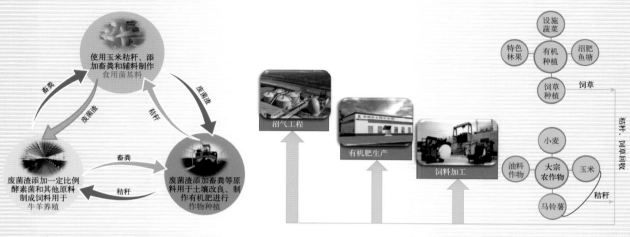

秸秆"三元双向循环利用"技术　　　　　　　　秸秆"分级全量化"利用技术

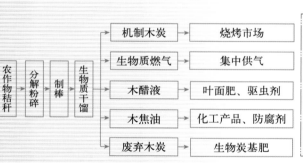

秸秆"炭－气－肥联产增效＋集中供气"利用技术

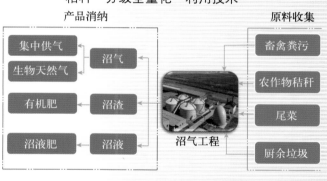

秸秆"燃料化＋肥料化"利用技术

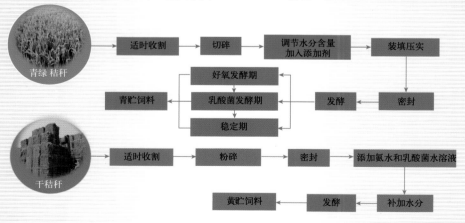

秸秆"青黄贮饲料化"利用技术

农业生态环境国际合作

开展国际履约与谈判

2020年，农业农村部生态总站积极参与国际履约与谈判工作，着力提升国际公约履约和国内工作的衔接水平。

1.支撑气候变化国际公约履约　参加七十七国集团和中国（G77+China）线上内部协调会，跟踪《联合国气候变化公约》农业议题谈判进展；参与编制《中国本世纪中叶长期温室气体低排放发展战略》，推动我国在保障粮食安全下的农业绿色转型和可持续发展。

2.继续参与生物多样性谈判工作　积极参与2020年后全球生物多样性框架谈判工作，推动框架"零案文"的修订，全程视频参加在意大利举办的框架谈判第二次会议。代表农业农村部参加《〈生物多样性公约〉科学、技术和工艺咨询附属机构第二十四次会议及执行问题附属机构第三次会议特别网络会议》。

3.构建农业应对气候变化数据库　初步完成系统框架搭建，拟通过收集我国县级农业农村温室气体排放数据，梳理分析农业温室气体排放途径和现状，系统研究现有农业农村应对气候变化措施，为提出有针对性的农业应对气候变化政策建议及国际公约履约谈判提供数据支撑。

国际交流有关活动

1.编制中国农田增碳行动方案　围绕农村能源建设和农业节能减排等，依托中国科学院大气物理所，系统研究了农田减排固碳能力、农田增碳的技术和政策措施，编制了《中国农田增碳行动方案》，为实现我国碳中和提供农业方案。

2.参与《生物多样性公约》COP15大会筹备工作　配合生态环境部参与缔约方大会会标、宣传片、"生物多样性日"等相关材料提供、内容审议、制定发布及多边谈判等工作。

3.参与中俄边境物种保护工作　10月，农业农村部生态总站派员参加中俄跨界保护区生物多样性保护工作组会议，研究未来疫情下开展跨界联合保护行动的可行性，通报双方保护工作进展，审议通过了工作组2021年行动方案和目标。

4.举办气候智慧型农业国际研讨会　9月，农业农村部生态总站与世界银行在北京共同举办"2020年气候智慧型农业国际研讨会"，以"固碳、减排、稳粮、增收"为主题，全面总结宣传气候智慧型主要粮食作物生产项目成果和经验，提升社会各界对气候智慧型农业的认知，为世界粮食作物生产应对气候变化提供中国模式与经验。

2020年气候智慧型农业国际研讨会

5.举办农业应对气候变化技术与政策培训班 12月，农业农村部生态总站在四川省成都市举办"农业应对气候变化技术与政策培训班"，围绕农业应对气候变化、生物多样性保护、农村可再生能源利用等，邀请有关专家讲解，吴晓春副站长出席并讲话，来自德国、丹麦等国家和来自中国农业科学院、江苏省农业科学院、黑龙江省农业科学院的专家学者，以及全国20多

农业应对气候变化技术与政策培训班

个省（直辖市、自治区）资环农能管理部门负责人与技术骨干参加了培训。

国际合作项目

2020年，农业农村部生态总站执行、谋划和筹备国际项目11个；其中，全球环境基金（GEF）气候智慧型主要粮食作物生产等3个项目圆满完成，气候智慧型草地生态系统管理等5个项目顺利启动，中国零碳村镇促进等2个项目进入准备期，新谋划1个亚行项目。项目类型包括全球环境基金（GEF）赠款项目和第三方资助项目等，涉及生物多样性保护和气候变化等领域。

一、气候智慧型主要粮食作物生产项目

2020年，围绕项目目标任务，农业农村部生态总站在安徽、河南项目区开展了8万亩小麦赤霉病和条锈病整体防控技术示范推广活动及现场测产工作。在全国范围组织征集作物生产固碳减排与气候适应技术模式。在安徽、河南、吉林和北京举办了4期培训班，就气候智慧型农业理念、技术模式与经验进行交流与推广。拍摄了项目宣传片，制作了项目宣传画册，编制了气候智慧型农业（稻/麦、麦/玉）生产技术导则，出版了"气候智慧型农业系列丛书"（12本），在中央广播电视总台、农民日报、学习强国等主流媒体上进行广泛宣传报道。

项目于9月30日顺利结束，项目区累计建立气候智慧型农业示范区10万亩，实现固碳减排13万吨二氧化碳当量，单位面积氮肥用量减少约10%，农药用量减少15%以上，土壤有机碳含量提高了10%，产量年均增加5%以上。

交流研讨

实地调研

项目成果与媒体宣传

二、气候智慧型草地生态系统管理项目

项目由全球环境基金（GEF）赠款资助，世界银行（WB）和农业农村部（MARA）共同实施，总投资 2 927 万美元，计划执行期 5 年。项目主要目标是通过在高寒草原区系统集成示范牧民参与式气候智慧型草地生态系统管理技术，开展基于实证的生态补偿政策试点，提高草原生产力和草牧业生产效益，增加农牧民收入，同时保护草原生物多样性，实现"草-畜-人"草地生态系统协调发展。

5 月，农业农村部生态总站在京召开项目启动会，组建了项目管理和专家队伍，完善了项目管理体系，组织编制了草地免耕补播改良、春季休牧、人工饲草料基地建植、草畜转化与高效利用等技术示范活动实施方案，研究提出了促进草地生产力与草牧业生产效益、草原生物多样性保护和草地固碳减排能力提升的政策措施与技术途径，为下一步工作开展打下了坚实基础。

气候智慧型草地生态系统管理项目启动会

三、中国起源作物基因多样性的农场保护与可持续利用项目

该项目是农业农村部与联合国粮农组织（FAO）在全球环境基金（GEF）领域的首次合作，旨在保护中国起源作物的基因多样性，推动其可持续利用。2020 年 9 月，项目完成赠款协议签署工作。11 月，在北京举办项目启动会暨项目指导委员会第一次会议。农业农村部生态总站王久臣站长、联

合国粮农组织驻华代表、项目指导委员成员单位，以及河北、黑龙江、云南、辽宁项目省的各级代表和有关专家、媒体等50余人参加会议。会议审议了项目年度工作计划和项目启动报告，标志着项目正式进入实施阶段。

中国起源作物基因多样性的农场保护与可持续利用项目启动会暨项目指导委员会第一次会议

四、减少外来入侵物种对中国具有全球重要意义的农业生物多样性和农业生态系统威胁的综合防控体系建设项目

该项目由全球环境基金（GEF）资助，联合国开发计划署（UNDP）作为国际执行机构，农业农村部作为国内牵头实施机构，生态环境部、中国海关总署参与实施。项目资金总预算2 168万美元，其中GEF赠款278万美元、中国政府配套1 890万美元，项目期5年。项目旨在加强部门间的协调机制构建、完善外来入侵物种防控的方法和技术，提升相关利益方能力，更有效地防控外来入侵物种对中国农业生物多样性的威胁。

2020年5月，项目获得GEF秘书处批准；8月，完成项目文件签署；11月，召开项目启动会暨第一次项目指导委员会会议，审议批准了项目2020—2021年工作计划和启动报告，标志着项目正式启动实施。

全球环境基金中国农业可持续发展伙伴关系规划型项目启动会暨第一次项目指导委员会会议

五、气候智慧型农业——华北平原和东北地区秸秆还田与土壤健康促进项目

该项目由农业农村部生态总站、联合国开发计划署和先正达集团共同谋划实施，主要是在东北和华北平原粮食主产区建立核心示范区，在气候智慧型农业框架下，筛选并优化秸秆还田技术，集成示范土壤耕作技术、养分管理技术、病虫草害防治技术与秸秆促腐技术，形成秸秆科学还田新模式。同时，探索构建秸秆科学还田的社会化服务体系，提高区域秸秆还田作业质量与技术实施效果，促进农田土壤健康，强化固碳减排功能。

12月8日，项目启动仪式在北京举行，王久臣站长、联合国开发计划署驻华代表、先正达集团首席可持续发展官等出席，标志项目正式启动实施。

气候智慧型农业——华北平原和东北地区秸秆还田与土壤健康促进项目启动仪式

六、中国零碳村镇促进项目

2020年，主要工作是开展项目文本编制，组建了涵盖发展改革、能源、气候变化、建筑、金融等多领域的专家团队，明确项目逻辑框架和编制计划，召开项目文本编制启动会和项目逻辑框架研讨会，确定项目文本编制框架。面向行业征集潜在的零碳村镇项目示范推广区，组织专家赴河北、黑龙江、安徽、湖北、云南、甘肃等15个省份开展基线调研，经专家综合评议，初步确定了9个项目示范区。

七、中国农村安全饮水与水资源环境保护项目

该项目于2018年启动，2020年结束。项目实施3年来，在北京、河北、河南等项目区，通过与地方政府农村饮水工程相结合，推广安全水站2 000余台，95%以上农户实现安全饮水。同时，还制作了农村安全饮水微信公众号、项目挂图和宣传手册，宣传农村安全饮水和水资源保护的相关知识，初步构建了农村安全饮水可持续发展机制。

体系建设

能力建设

一、提升体系素质能力

2020年11月，农业农村部生态总站在北京举办农村环能系统专业技术人员高级培训班，邀请相关专家围绕行业相关政策、农业资源环境和农村能源生态业务知识进行了讲解，学员围绕业务开展进行了交流研讨，来自各省级体系的44名学员参加了培训。

12月，农业农村部生态总站在甘肃省兰州市召开西北地区农业资源环境保护体系建设交流研讨会，邀请专家举办农膜回收利用专题讲座，围绕各地农业资源环保与农村能源体系机构改革建设及重点业务工作进行了研讨交流，来自甘肃、宁夏、青海、山西、陕西、重庆等省级及部分市、县级农业资源环保与农村能源体系负责人和业务骨干共30多人参加了会议。

农村环能系统专业技术人员高级培训班　　　西北地区农业资源环境保护体系建设交流研讨会

二、开展职业技能鉴定

2020年，农业农村部生态总站根据《关于进一步加强农业职业技能开发和鉴定质量管理工作的通知》[农（职鉴）发〔2020〕1号]及《关于实行职业技能考核鉴定机构备案管理的通知》（人社部发〔2019〕30号）的要求，对行业29家鉴定站在属地的备案情况进行了摸底。推动鉴定基础性开发工作，做好《农村环境保护工（中级工）》《太阳能供暖技术（技师、高级技师）》等教材编写；申报了人力资源和社会保障部2021—2022年标准编写任务。办理4批近300人的职业技能鉴定考核

教材《农村环境保护工（中级工）》　　　教材《太阳能供暖技术（技师、高级技师）》

工作。派员参加职业技能鉴定质量督导员资格认证培训班和中国技能大赛——第三届全国农业行业职业技能大赛。此外，配合相关部门验证项目招投标、积分落户等中提供的行业职业资格证书的真

实性、规范性，为行业提供技术咨询和服务工作。

行业信息化

一、推进生态环境保护信息化工程建设

推进生态环境保护信息化工程（农业农村部建设部分）应用软件开发、系统集成和安装部署工作；完成15项标准规范草案及编制说明。完成硬件采购、产品安装调试和机房改造。目前，系统运行监控平台硬件安装到位，项目进入试运行阶段。

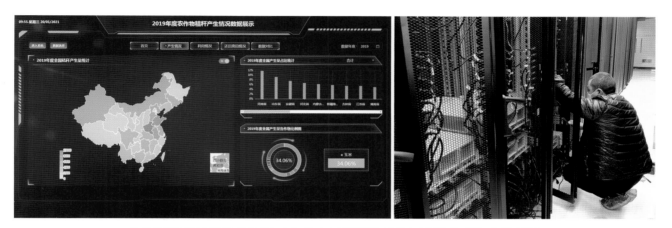

生态环境保护信息化工程（农业农村部建设部分）系统集成和安装部署

二、加强行业标准化管理

推进农业资源环境标准化技术委员会筹建工作。开展农业资源环境领域标准审核工作，完成15批次行业标准送审材料审核、20批次报批材料审核，报批标准已全部发布。征集2021年农业资源环境与农村能源生态标准项目，共有24家部属事业单位、科研院校、社会团体、企业等申报行业标准72项。向农业农村部质量监管司推荐国家标准制定项目3项、农业行业标准制修订28项。

三、组织编制行业发展报告与统计年报

农业农村部生态总站组织编写了《2020农业资源环境保护与农村能源发展报告》。《报告》系统梳理了2019年农业资源环境保护与农村能源建设的进展成效，总结了各地的典型做法和经验，由中国农业出版社正式出版发行。

组织开展行业统计报表制度与相关指标体系修订。全国农村可再生能源统计汇总表由14张报表调整为6张报表88个统计指标；全国农业资源环境统计汇总表由15张表格调整为5张报表173个统计指标。在完善统计调查制度的前提下，下发《关于报送2019年全国农村可再生能源和农业资源环境统计数据的通知》，启动了2019年统计工作。组织召开农村环能系统行业统计座谈会，对2019年行业统计数据进行了核对和确认。根据农业农村部市场信息司要求，报送了部门综合统计制度数据，完成了统计备案工作。编制印发了《2019年全国农村可再生能源统计年报》《2019年全国农业资源环境信息统计年报》。

社团组织

中国沼气学会

一、开展学术交流

2020年12月23日，中国沼气学会在北京以远程视频会议形式举办学术论坛，邀请学会理事长王凯军、国家发展和改革委员会能源研究所所长王仲颖围绕"碳中和"与中国沼气产业发展、我国能源低碳发展趋势和机遇挑战等作专题报告，介绍了国内外气候变化、能源转型、技术现状及未来发展趋势，并对沼气行业在"碳中和"背景下的发展途径提出了独到见解。学会会员单位及有关专家180多人参加了会议。

二、开展业务技术培训

11月13—17日，中国沼气学会配合农业农村部生态总站在山西省长治市，举办农村人居环境综合整治技术交流与培训班，学会秘书长李景明作了《中国沼气行业发展的困境与出路》主旨报告，还邀请部分学会会员单位专家围绕沼气技术、沼气工程安全管理等进行了讲解和交流。

三、开展行业咨询服务

1.参与农村能源综合建设　开展沼气及生物天然气典型案例分析研究，组织相关单位专家赴河北、甘肃、江西、安徽、河南、四川等地，实地调研沼气及生物天然气典型工程20多处，编制形成工作报告和研究报告各1份，在《可再生能源》核心期刊发表论文1篇。参与农业农村部科技教育司组织的大型沼气工程和生物天然气示范项目的全国性普查工作，组织部分会员单位专家参与实地调研、评估分析和报告撰写。

2.开展标准制定相关工作　组织部分会员单位专家，积极参与沼气国际标准交流合作和制定工作。协助ISO/TC 255成立了6个工作组，积极参与沼气国际标准讨论、研究和制定工作，提出中方方案和意见建议。

3.组织编写《中国农业百科全书·农村能源卷》　自2018年开展工作，于2020年完成了《农村能源卷》条目大纲的编写与审定，并组织各分支进行了部分条目的试编写、审改和修订，对《农村能源卷》的相关条目进行了编写。

4.组织会员单位申报2020—2021年度神农中华农业科技奖　按照《关于2020—2021年度神农中华农业科技奖推荐工作的通知》要求，组织3家会员单位参加神农中华农业科技奖申报推荐讲解视频会，经过专家审查初评，推荐中国农业大学的项目申报年度神农中华农业科技奖。

四、加强学会自身建设

1.开展学会换届选举　12月7日，召开2020年中国沼气学会会员代表大会筹备会，讨论换届大会相关事宜。12月23日，采取网络视频形式在北京召开学会全国会员代表大会，选举产生学会第十届理事会领导班子；其中，王凯军任理事长，王登山、任东明、吴晓春、寿亦丰、张大雷、张自强、赵立欣和周建华任副理事长，李景明任秘书长。

2.加强会员发展与管理　2020年，新申请入会团体会员4个、个人会员2个。截至2020年，在册团体会员352个、个人会员1 569个。建立完善了会员信息库和定期联系制度，全年接听和答复会员或群众来电来访咨询共计60余次。

中国农村能源行业协会

一、组织开展行业活动

1.**举办中国农村清洁取暖高峰论坛** 3月22日，协会在河北省廊坊市举办2020年中国农村清洁取暖高峰论坛暨第二届清洁取暖区域产业发展县长论坛，以"因势联动、创新引领、推进农村清洁取暖可持续发展"为主题，邀请相关领域专家和企业代表围绕农村清洁取暖国家政策、产业发展、技术成果和建设经验等进行了分享。同期，还举办了2020中国生物质清洁供暖及产业发展峰会、2020农村洁净煤取暖技术创新与产业发展峰会、建筑节能·多能互补·温暖宜居体系建设研讨会和清洁取暖及区域产业发展县长圆桌会议等。

2.**举办清洁炉具创新现场评测活动** 7月，协会在山西省应县组织开展了"清洁炉具创新现场评测活动"第3季产品统一测试工作，对27家企业40台产品从炉具热性能、大气污染物排放、使用全过程（点火、正常燃烧、封火及起火）烟尘排放情况进行了现场统一测试，并邀请专家进行现场观察和客观评价，为后期遴选发布"领跑者"目录提供科学的数据支撑，为地方政府实施相关项目提供采购目录清单。

3.**组织召开太阳能热利用行业年会** 12月8—9日，协会太阳能热利用专业委员会和中国节能协会太阳能专业委员会在河北省邢台市，联合主办了2020年中国太阳能热利用行业年会暨高峰论坛，以"抓住新机遇、开拓新市场、质量促发展，为经济社会发展全面绿色转型作出更大的贡献"为主题，对2020年工作进行了总结，对2021年工作进行了部署。同期举办了太阳能创新发展论坛、"青年企业家"才俊沙龙等活动，发放"2019—2020中国太阳能热利用行业发展报告"等材料，揭晓了中国太阳能热利用行业2020年度诚信企业评选结果和2020年中国太阳能热利用行业采暖先进企业评选结果，来自太阳能热利用行业的优秀企业、大专院校、科研单位、质检机构及其他相关单位的近500人参加会议。

2020年中国太阳能热利用行业年会暨高峰论坛

4.**启动"环保心·蓝天梦 农村清洁取暖公益宣传活动"**针对疫情防控下行业发展形势及企业应对策略，协会于5月19日，首次通过线上直播形式，启动了2020年"环保心·蓝天梦 农村清洁取暖公益宣传活动"，以"普及清洁取暖知识、提升公众环保意识"为主题，倡议地方政府、企业及经销商、媒体等多方参与，围绕农村清洁取暖知识科普、标准宣贯、效率提升、新技术及新产品推广、安装使用等内容，开展专业培训、知识科普、"农村取暖安全宣传月"等形式多样的系列公益宣传活动。

二、组织开展行业决策咨询服务

1.承担政府购买服务项目 2020年，协会承担农业农村部、国家能源局政府购买服务项目3个，分别是农村能源技术应用和政策支撑、开展农村生活垃圾治理相关政策分析评价和能源行业标准制定，围绕项目实施，发挥行业协会优势，组织开展了大量调查研究，积极参与相关决策咨询，形成了《中国农村能源行业2020年度发展报告》《农村清洁取暖解决方案（燃料适配炉具）研究报告》《中国农村太阳能热利用应用技术与政策研究报告》《沼渣沼液高质化利用技术、产品清单和典型案例汇编》《我国农村生活垃圾治理相关政策分析评价报告》《我国典型地区农村生活垃圾治理调研表（12个省抽样）》等一系列成果。

积极参与南南合作，顺利完成"澜沧江－湄公河国家清洁炉灶供给项目"，编制了《澜沧江－湄公河国家清洁炉灶供给项目研究报告》，为解决湄公河区域清洁炉灶发展问题提供了数据支撑。

2.组织制修订行业标准 2020年，协会组织申报能源行业农村能源标准项目12项，其中制定标准10项、修订标准2项；国家能源局批准下达10项。完成能源行业农村能源标准报批16个，其中新制定标准12个、修订标准4个。完成能源行业农村能源标准送审稿18个。自2010年以来，协会对90项推荐性行业标准进行了集中复审，其中"废止"的有6项、"修订"的有24项、"继续有效"的有60项。

2020 年国家能源局批准标准项目

序号	标准名称
1	家用太阳能热水系统热性能现场检测和评价方法
2	家用真空集热管储水型太阳能热水系统
3	太阳能热水、采暖、制冷联供系统工程技术规范
4	建筑构件式平板型太阳能集热器技术要求
5	太阳能短期蓄热和空气源热泵联合采暖系统技术规范
6	畜禽养殖场空气源热泵应用技术规范
7	空气源热泵无水地暖机组
8	空气源热泵热水器零冷水系统技术条件
9	清洁炊事烤火炉具技术条件（修订）
10	清洁炊事烤火炉具试验方法（修订）

2020 年国家能源局发布标准项目

序号	标准号	标准名称
1	NB/T 10415—2020	中温玻璃—金属封接式真空直通太阳集热管
2	NB/T 10464.1—2020	太阳能热利用系统采购技术规范 第1部分：通则
3	NB/T 10464.2—2020	太阳能热利用系统采购技术规范 第2部分：家用太阳能热水系统
4	NB/T 10464.3—2020	太阳能热利用系统采购技术规范 第3部分：太阳能热水工程
5	NB/T 10464.4—2020	太阳能热利用系统采购技术规范 第4部分：户用太阳能采暖系统
6	NB/T 10464.5—2020	太阳能热利用系统采购技术规范 第5部分：太阳能采暖工程
7	NB/T 10464.6—2020	太阳能热利用系统采购技术规范 第6部分：太阳能工业、农业供热工程
8	NB/T 10416—2020	空气源热泵集中供暖工程安装验收规范
9	NB/T 10417—2020	低环境温度空气源热泵热风机安装验收规范
10	NB/T 10418—2020	空气源热泵粮食烘干机
11	NB/T 10419—2020	空气源热泵烤烟房
12	NB/T 10420—2020	空气源热泵烤烟房烟叶调制技术规程
13	NB/T 34005—2020	清洁采暖炉具技术条件（修订）
14	NB/T 34006—2020	清洁采暖炉具试验方法（修订）
15	NB/T 34035—2020	小型生物质锅炉技术条件（修订）
16	NB/T 34036—2020	小型生物质锅炉试验方法（修订）

中国农业生态环境保护协会

一、组织开展学术交流研讨

1.举办生物基和生物分解材料技术与应用国际研讨会　11月2—5日，协会联合中国塑协降解塑料专业委员会，在江苏省南京市举办第九届生物基和生物分解材料技术与应用国际研讨会，邀请有关专家围绕塑料可持续发展、降解塑料市场供需对接、高校科研单位与企业技术供需对接、降解标识解读及标准检验等开展交流研讨。同期举办2020中国国际塑料展，设置降解与生物基材料展示专区，相关部门、企业、行业专家和用户代表等1 000多人参加。

2.协助召开全生物降解地膜替代技术现场观摩交流会　11月12日，协会协助农业农村部生态总站在江苏宜兴召开了全生物降解地膜替代技术现场观摩交流会，邀请专家围绕地膜减量替代技术应用现状与问题、技术区域适用性、技术应用环境影响评价及产品材料特性等内容进行了培训讲解，云南、江苏、山东、河北4个省份的有关负责同志进行了交流发言，组织代表实地察看了全生物降解地膜在甘蓝、生菜、莴苣等作物上的试验示范情况。

3.高质量办好学术刊物　2020年，《农业环境科学学报》复合影响因子2.762，较上年提高3.0%，在全国74种环境科学技术类期刊中位列第4位，处于Q1区。《农业资源与环境学报》复合影响因子2.413，较上年提高42.8%，在全国102种农业科学综合类期刊中位列第3位，在74种环境科学技术类期刊中位列第10位，在两学科均处于Q1区。两学报均入选农林领域和自然资源领域高质量科技期刊分级目录，在RCCSE中国学术期刊排行榜中均位列A等，在期刊出版单位社会效益评价考核中均获得优秀。

二、开展行业咨询服务

1.发布生态农场行业标准　2020年，协会依托生态农场建设技术支撑与服务项目，联合农业农村部生态总站、中国农业大学等单位，编制发布了我国生态农场的第一个行业标准——《生态农场评价技术规范》（NY/T 3667—2020），自11月1日起实施，为正在从事或准备从事生态农业的经营实体提供了合理的参考依据。

2.召开生态农场评价试点研讨会　10月，协会联合农业农村部生态总站在北京召开生态农场评价试点研讨会，邀请行业权威专家，以及浙江、上海、江苏、安徽等省级农业环保站负责人，围绕下一步生态农场评价试点工作征求意见建议，确保《生态农场评价技术规范》顺利实施。

3.编撰《中国农业百科全书·农业生态环境卷》　按照工作计划，多次组织召开编写工作会，对分工进行细化，明确分支进度安排，组织农业生态环境管理各分支开展编制工作，反复研讨条目设计，对初拟条目进行梳理、筛选、修改和完善。

4.加强农业生态环境保护宣传　协会围绕"农业生态环保"主题，利用线上线下等多种形式开展宣传报道。向会员单位发放《农业生态环保资讯》（内刊），每两月一期，共编印发放5期。利用协会网站、微信公众平台等宣传"生态农业"政策法规、热点新闻、专题报道等。其中，微信公众号编辑制作高质量图文消息35条，点击阅读次数达4.5万次。

图书在版编目（CIP）数据

2021农业资源环境保护与农村能源发展报告 / 农业
农村部农业生态与资源保护总站编. —北京：中国农业
出版社，2022.5
ISBN 978-7-109-29383-0

Ⅰ.①2… Ⅱ.①农… Ⅲ.①农业环境保护–研究报
告–中国–2021②农村能源–研究–中国–2021 Ⅳ.
①X322.2②F323.214

中国版本图书馆CIP数据核字(2022)第071548号

2021农业资源环境保护与农村能源发展报告

2021 NONGYE ZIYUAN HUANJING BAOHU YU NONGCUN NENGYUAN FAZHAN BAOGAO

中国农业出版社出版
地址：北京市朝阳区麦子店街18号楼
邮编：100125
责任编辑：刘 伟 胡烨芳
责任校对：刘丽香
印刷：北京通州皇家印刷厂
版次：2022年5月第1版
印次：2022年5月北京第1次印刷
发行：新华书店北京发行所
开本：889mm×1194mm 1/16
印张：5.75
字数：160
定价：98.00元